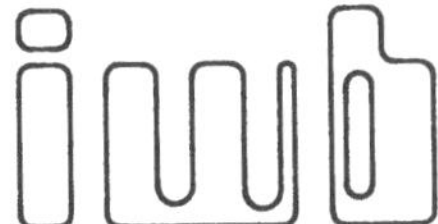

Forschungsberichte · Band 59

Berichte aus dem Institut für Werkzeugmaschinen und Betriebswissenschaften der Technischen Universität München

Herausgeber: Prof. Dr.-Ing. J. Milberg

LEHRSTUHL FÜR

WERKZEUGMASCHINEN UND BETRIEBSWISSENSCHAFTEN

DER TECHNISCHEN UNIVERSITÄT MÜNCHEN

Planung von Fertigungssystemen unterstützt durch Wirtschaftlichkeitssimulation

Ulrich Dilling

Vollständiger Abdruck der von der Fakultät für Maschinenwesen der

Technischen Universität München zur Erlangung des akademischen Grades eines

Doktor-Ingenieurs (Dr.-Ing.)

genehmigten Dissertation.

Vorsitzender: Univ.-Prof. Dr.-Ing. S. Böttcher

Prüfer der Dissertation:

    1. Univ.-Prof. Dr.-Ing. J. Milberg

    2. Univ.-Prof. Dr. rer. pol. H. Wildemann

Die Dissertation wurde am 05. 07. 1991 bei der Technischen Universität München

eingereicht und durch die Fakultät für Maschinenwesen

am 11. 10. 1991 angenommen.

Ulrich Dilling

Planung von Fertigungssystemen unterstützt durch Wirtschaftlichkeitssimulation

Mit 72 Abbildungen

Springer-Verlag
Berlin Heidelberg GmbH 1992

Dipl.-Ing. Ulrich Dilling
Institut für Werkzeugmaschinen und Betriebswissenschaften (iwb), München

Dr.-Ing. J. Milberg
o. Professor an der Technischen Universität München
Institut für Werkzeugmaschinen und Betriebswissenschaften (iwb), München

D 91

ISBN 978-3-540-56307-5   ISBN 978-3-662-26802-5 (eBook)
DOI 10.1007/978-3-662-26802-5

Gesamtherstellung: Hieronymus Buchreproduktions GmbH, München
62/3020-543210

Geleitwort des Herausgebers

Die Verbesserung der Fertigungsmaschinen, der Fertigungsverfahren und der Fertigungsorganisation zur Steigerung der Produktivität und Verringerung der Fertigungskosten ist eine ständige Aufgabe der Produktionstechnik. Die Situation in der Produktionstechnik ist durch abnehmende Fertigungslosgrößen und zunehmende Personalkosten sowie durch eine unzureichende Nutzung der Produktionsanlagen geprägt. Neben den Forderungen nach einer Verbesserung der Mengenleistung und der Arbeitsgenauigkeit gewinnt die Steigerung der Flexibilität von Fertigungsmaschinen und Fertigungsabläufen immer mehr an Bedeutung. In zunehmendem Maße werden Programme, Einrichtungen und Anlagen für rechnergestützte und flexibel automatisierte Produktionsabläufe entwickelt.

Ziel der Forschungsarbeiten am Institut für Werkzeugmaschinen und Betriebswissenschaften der Technischen Universität München (iwb) ist die weitere Verbesserung der Fertigungsmittel und Fertigungsverfahren im Hinblick auf eine Optimierung der Arbeitsgenauigkeit und Mengenleistung der Fertigungssysteme. Dabei stehen Fragen der anforderungsgerechten Maschinenauslegung sowie der optimalen Prozeßführung im Vordergrund. Ein weiterer Schwerpunkt ist die Entwicklung fortgeschrittener Produktionsstrukturen und die Erarbeitung von Konzepten für die Automatisierung des Auftragsdurchlaufes. Das Ziel ist eine Integration der technischen Auftragsabwicklung von der Konstruktion bis zur Montage.

Die im Rahmen dieser Buchreihe erscheinenden Bände stammen thematisch aus den Forschungsbereichen des iwb: Fertigungsverfahren, Werkzeugmaschinen, Fertigungsautomatisierung und Montageautomatisierung. In ihnen werden neue Ergebnisse und Erkenntnisse aus der praxisnahen Forschung des iwb veröffentlicht. Diese Buchreihe soll dazu beitragen, den Wissenstransfer zwischen dem Hochschulbereich und dem Anwender in der Praxis zu verbessern.

Joachim Milberg

Vorwort

Die vorliegende Dissertation entstand während meiner Tätigkeit als wissenschaftlicher Mitarbeiter am Institut für Werkzeugmaschinen und Betriebswissenschaften (iwb) der Technischen Universität München.

Mein besonderer Dank gilt Herrn Professor Dr.-Ing. J. Milberg, dem Leiter des Instituts, für seine wohlwollende Förderung und die großzügige Unterstützung sowie für die wertvollen Hinweise zu dieser Arbeit.

Herrn Professor Dr. rer. pol. H. Wildemann, Lehrstuhl für Betriebswirtschaftslehre mit Schwerpunkt Logistik der Technischen Universität München, danke ich für die kritische Durchsicht der Arbeit und die Übernahme des Koferats.

Darüber hinaus möchte ich allen Mitarbeitern des Instituts sowie allen Studenten, die mich bei der Erstellung der Arbeit unterstützt haben, meinen herzlichen Dank aussprechen.

München, im November 1991   Ulrich Dilling

Inhaltsverzeichnis

Inhaltsverzeichnis

Verzeichnis der Abkürzungen

AE	Automatisierungseinheit
AFO	Arbeitsfolge
BAZ	Bearbeitungszentrum
BAZ-4	4-achsiges Bearbeitungszentrum
BAZ-5	5-achsiges Bearbeitungszentrum
BDE	Betriebsdatenerfassung
CNC	CNC-Maschine
DNC	Direct Numerical Control
FFS	Flexibles Fertigungssystem
FFS-Pal	Flexibles Fertigungssystem mit Palettenspeicher verkettet
FFS-Rob	Flexibles Fertigungssystem mit Roboter verkettet
FFZ-Pal	Flexible Fertigungszelle mit Palettenspeicher automatisiert
FFZ-Rob	Flexible Fertigungszelle mit Roboter automatisiert
FTS	Fahrerloses Transportsystem
MDE	Maschinendatenerfassung
OE	Organisationseinheit
RTM	Rundtaktmaschine
TFS	Transferstraße
VOR	Vorrichtung
WST	Werkstück
WZG	Werkzeug

Verzeichnis der Formelzeichen

$a_{B,j,k,t}$:	[DM/a]	Betriebskosten
$a_{BM,j,k,t}$:	[DM/a]	Betriebsmaterialkosten
$a_{BS,j,k,t}$:	[DM/a]	Bearbeitungssystemkosten
$a_{E,j,k,t}$:	[DM/a]	Energiekosten
$a_{I,j,k,t}$:	[DM/a]	Instandhaltungskosten
$A_{M,j,k,t}$:	[DM]	Maschinenanschaffungskosten
$a_{R,j,k,t}$:	[DM/a]	Raumkosten
a_t:	[DM]	Jährliche Auszahlungen
$a_{Vor,j,k,t}$	[DM/a]	Vorrichtungskosten
$a_{WZG,j,k,t}$:	[DM/a]	Werkzeugkosten
C_0:	[DM]	Kapitalwert
$de_{2,t}$:	[DM]	Nettoerlösveränderung
e_t:	[DM]	Jährliche Einzahlungen
i:	[Stk]	Teile
i:	[%]	Kalkulationszinssatz
j:	[Stk]	Maschinentyp
k:	[Stk]	Automatisierungseinheit
K_1, K_2:	[DM]	Nettobarwert der Kosten
$L_{,i,k,t}$:	[Stk]	Losgröße
$n_{,i,j,t}$:	[Stk]	Werkstückzahl
$N_{B,j,k,t}$:	[Stk]	Bedienerbedarf
$N_{E,j,k,t}$:	[Stk]	Einrichterbedarf
$N_{G,k}$:	[%]	Nutzungsgrad
$n_{m,i,k,t}$:	[Stk]	Mittlere Werkstückzahl einer Automatisierungseinheit
$N_{M,j,k,t}$:	[Stk]	Maschinenzahl eines Typs
$N_{M,k,t}$:	[Stk]	Maschinenzahl einer Automatisierungseinheit
$N_{R,k,t}$:	[Stk]	Zahl der Roboter
$N_{T,k,t}$:	[Stk]	Zahl der Transporte
$N_{Tmax,k}$:	[Stk]	Durchschnittliche maximale Transportzahl
$N_{TS,k,t}$:	[Stk]	Zahl der Transportsysteme
p_m:	[Stk]	Mittleres Transportlos
$P_{x,x}$:	[ ]	Korrekturparameter

$R_{,t}$:	[DM]	Restwert
T:	[Jahre]	Betrachtungszeitraum
t:	[Jahre]	Rechnungsperiode
$T_{AW,i,j,k,t}$:	[h]	Auftragswiederholzeit
$t_{B,i,j,k,t}$	[min]	Bearbeitungszeit
$T_{B,j,k,t}$:	[h]	Maschinenbelegungszeit
$T_{BR,k,t}$:	[h]	Belegungszeit der Roboter
$t_{E,i,j,k,t}$:	[min]	Einfahrzeit
$T_{ER,j,k,t}$:	[h]	Einrichterzeit
$T_{EZ,i,j,k,t}$:	[h]	Einzelzeit
$t_{HH,i}$:	[min]	Handhabungszeit
t_{LA}	[h]	Liegezeit zwischen Automatisierungseinheiten
t_{LM}	[h]	Liegezeit zwischen Arbeitsfolgen
t_{LO}	[h]	Liegezeit zwischen Organisationseinheiten
$T_{MB,j,k,t}$:	[h]	Maschinenbedienerzeit
$t_{R,i,j,k,t}$:	[min]	Rüstzeit
$t_{RE,i,j,k,t}$:	[min]	Einmalige Rüst- und Einfahrzeit bei neuen NC-Programmen
T_{Sch}:	[h]	Schichtdauer
$t_{V,k}$:	[min]	Verteilzeit
$T_{VB,i,j,k,t}$:	[h]	Vorbereitungszeit
$t_{WSW,i,j,k,t}$:	[min]	Werkstückwechselzeit
$t_{WZT,i,j,k,t}$:	[min]	Werkzeugtauschzeit
$Z_{AFO,i,k,t}$:	[Stk]	Zahl der Arbeitsfolgen
z_{AT}:	[Stk]	Arbeitstage pro Jahr
$z_{HH,i}$:	[Stk]	Gleichzeitig gehandhabte Werkstücke
z_M:	[Stk]	Zahl der Maschinentypen
z_{Sch}:	[Stk]	Zahl der Schichten pro Tag
z_T:	[Stk]	Zahl der Teile
$z_{V,i}$:	[Stk]	Zahl der Varianten je Teil
z_{vm}:	[Stk]	Zahl der verkettbaren Maschinen

VIII

1. Einleitung und Zielsetzung

1.1 Einleitung

In der Vergangenheit war es vielen Unternehmen möglich, die Wettbewerbsfähigkeit durch Standardisierung der Produkte und die damit zunehmend mögliche starre Automatisierung der Fertigungseinrichtungen zu sichern /1/. Die Produktion wird heute aber von einem Markt geprägt, der durch eine wachsende Anzahl von Zulieferern, Kunden und Wettbewerbern gekennzeichnet ist. Dadurch werden von den Unternehmen zunehmend flexible Reaktionen auf steigende Variantenvielfalt, kürzere Produktlebensdauer und Losgrößenschwankungen gefordert. Der Faktor Zeit entwickelt sich neben dem Kostenfaktor und der Produktqualität damit zu einem immer entscheidenderen Wettbewerbsfaktor. Den gestiegenen Anforderungen können die Unternehmen nur gerecht werden, wenn sie ihre Anpassungs- und Reaktionsfähigkeit erheblich verbessern /2/.

Vor diesem Hintergrund kommt der Gestaltung der Fertigungssysteme eine hohe Bedeutung zu. Es ist zu beachten, daß sowohl mangelnde Flexibilität der Systeme zu erhöhten Kosten führen kann als auch zu hohe Flexibilität. Beide Situationen können sich negativ auf den unternehmerischen Erfolg auswirken. Im Rahmen der Investitionsplanung ist es daher wichtig, die Fertigungssysteme abhängig vom Produktionsprogramm auf den jeweils spezifischen Bedarf auszulegen. Es muß diejenige Produktionsstrategie gefunden werden, mit der langfristig am wirtschaftlichsten gefertigt werden kann /3/ (Bild 1-1).

Die Auslegung wird dadurch erschwert, daß zum Zeitpunkt der Investitionsgrobplanung die Entwicklung des Produktionsprogramms während der Nutzungsdauer eines zu planenden Fertigungssystems oft nur grob abgeschätzt werden kann. Die Prognosen sind umso ungenauer, je länger die Prognosestrecke ist /4/. Der in der Grobplanung festgelegte langfristige Flexibilitäts- und Kapazitätsbedarf bestimmt aber entscheidend die optimale Struktur, die Automatisierung und die Wirtschaftlichkeit von Fertigungssystemen. Die langfristige Wirtschaftlichkeit ist letztendlich auch das Kriterium, an dem der unternehmerische Erfolg einer Investition beurteilt wird /5/.

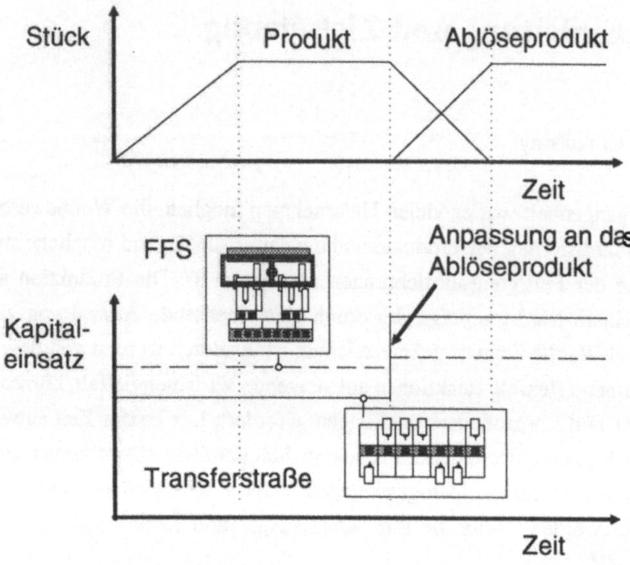

Bild 1-1: *Einfluß der Produktionsprogrammentwicklung auf den Kapitalein-
satz in Fertigungssystemen*

Ein weiterer Aspekt ist, daß durch die gestiegenen Anforderungen und die fortschreitende technische Entwicklung zu immer komplexer werdenden Fertigungssystemen
der Planungsaufwand erheblich zunimmt. Er wächst ferner im Laufe der Planung
durch den steigenden Detaillierungsgrad und Datenumfang. Fehlentscheidungen in
den frühen Phasen, wie der Vorstudien- und Grobplanungsphase, können später nur
durch einen größeren Planungsaufwand und dem damit verbundenen Zeitverlust korrigiert werden. Deshalb kommt der Planungsqualität der Grobplanung besondere Bedeutung zu, weil sie die Planungsgrundlage für die Feinplanungsphase bildet.

Für die technisch-wirtschaftliche Investitionsplanung von Fertigungssystemen bedeutet dies, daß ein langfristig wirtschaftlicher Betrieb gewährleistet werden muß.
Gleichzeitig soll der Planungszeitraum aus Wettbewerbs- und Kostengründen aber
möglichst kurz sein. Bei der Planungsarbeit sieht sich der Planer den in Bild 1-2
dargestellten Hemmnissen gegenüber, die das Erreichen der gesteckten Ziele er-

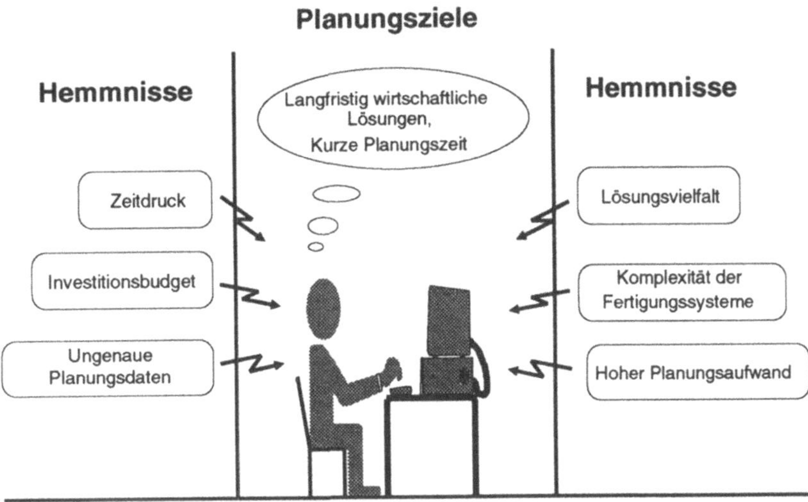

Bild 1-2:   *Zielsetzungen und Hemmnisse der Investitionsgrobplanung*

schweren. Eine Lösung zur Bewältigung der gestiegenen Planungsanforderungen kann der Einsatz rechnerunterstützter Planungshilfsmittel sein /6, 7/.

1.2   Zielsetzung

Im Rahmen der vorliegenden Arbeit soll ein rechnerunterstütztes Grobplanungssystem entwickelt werden, das den Planer bei der Bestimmung der für das jeweilige Planungsproblem optimalen technisch-organisatorischen Gesamtkonzeption unterstützt. Dabei werden die im Bild 1-3 dargestellten Teilziele angestrebt.

Die Planung soll auf den Produktionsprogrammprognosen aufbauen. Dabei sollen die mit Unsicherheiten behafteten Eingangsgrößen nicht als gemittelte statische Durchschnittswerte, sondern als dynamische Größen in die Planung eingehen (Bild 1-3 oben). Durch die Berücksichtigung aller zeitabhängigen Einflußfaktoren kann eine langfristige Wirtschaftlichkeit zuverlässiger geplant und beurteilt werden.

Bei der Lösungsfindung kommt einer ganzheitlichen und systematischen Vorgehensweise eine große Bedeutung zu (Bild 1-3 Mitte). Neben der Auslegung der technischen Teilsysteme sind insbesondere die Automatisierungsgrade, die Arbeitsorganisation und die Investitionszeitpunkte zu bestimmen. Das Planungssystem soll dem Investitionsplaner durch die systematische Bereitstellung von Konzeptionsstrategien und Betriebsmitteldaten in allen Planungsbereichen eine effiziente Konzeption ermöglichen. Ziel ist es, systematisch alternative Lösungskonzepte zu entwickeln und deren wirtschaftliche Eignung für die jeweilige Fragestellung erst in der Bewertungsphase zu betrachten. Der Systemanwender wird durch die Rechnerunterstützung von der Datenrecherche und -verwaltung sowie formalen Berechnungen weitgehend entlastet und kann sich auf die Ergebnisinterpretation und die Entscheidungsfindung konzentrieren. Durch die Rechnerunterstützung wird es möglich, im Rahmen einer systematischen Vorgehensweise eine größere Zahl von Lösungsalternativen in einem kürzeren Zeitraum zu entwickeln, als dies bei manueller Planung möglich wäre. Bei der Lösungsvielfalt der Grobplanungsphase kommt diesem Aspekt eine besondere Bedeutung zu. Die Methodik wird am Beispiel von spanenden Fertigungssystemen entwickelt.

Ein wichtiges Ziel der Planung ist die Fertigungssysteme auf eine langfristige Wirtschaftlichkeit auszulegen. Zur Beurteilung der Wirtschaftlichkeit soll in der vorliegenden Arbeit ein Verfahren entwickelt werden, mit dem die Lösungsalternativen umfassend bewertet und optimiert werden können (Bild 1-3 unten). Die Bewertung der Produktionsprogrammentwicklung und der Systemflexibilität ist dabei besonders wichtig. Das Verfahren ist an die besondere Problematik der Grobplanungsphase anzupassen, was bedeutet, daß eine große Zahl von Lösungsalternativen auch bei einem geringen technischen Detaillierungsgrad zuverlässig und schnell bewertbar sein muß. Dadurch soll es möglich werden, die Lösungsalternativen jedes Planungsschritts zu vergleichen und von Schritt zu Schritt die aussichtsreichsten auszuwählen und weiter zu detaillieren. Die dynamischen Planungseingangsgrößen dienen dabei als Grundlage. Die Bewertung soll mit einem Wirtschaftlichkeitssimulationsverfahren umgesetzt werden, mit dem die mit einer Investition verbundenen finanziellen Aufwendungen parameterabhängig über der gesamten Nutzungsdauer simuliert werden können.

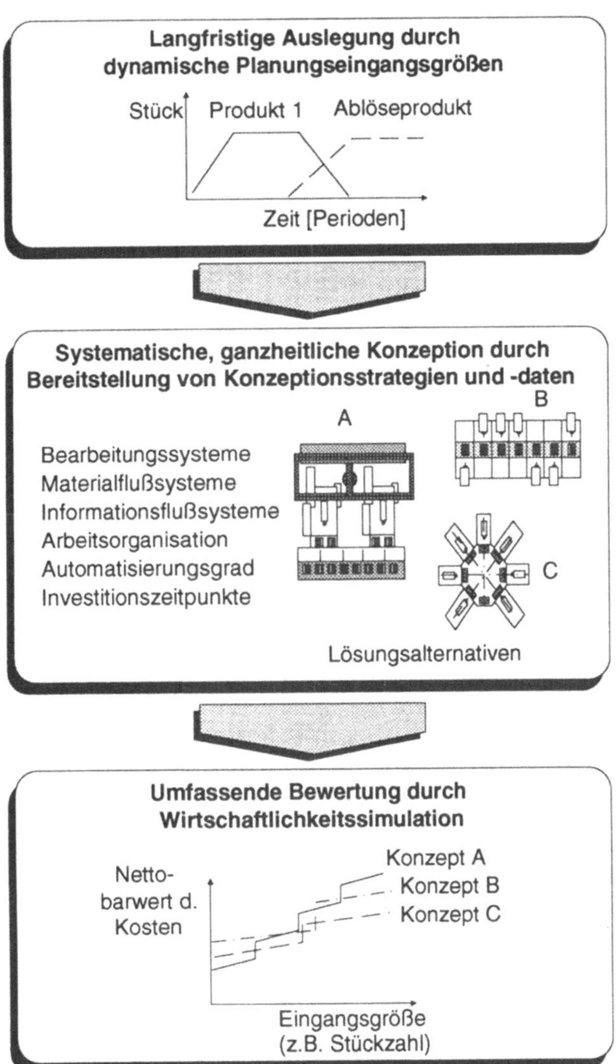

Bild 1-3: *Ziele bei der Investitionsgrobplanung mit der Methode der Wirtschaftlichkeitssimulation*

Nach VDI-Richtlinie 3663 /8/ wird die Simulation definiert als "Nachbildung eines dynamischen Prozesses in einem Modell, um zu Erkenntnissen zu gelangen, die auf die Wirklichkeit übertragbar sind". In Anlehnung an diese Richtlinie soll dabei unter dem Begriff "Wirtschaftlichkeitssimulation" die Untersuchung der Wirkung dynamischer Eingangsgrößen auf die Wirtschaftlichkeit von Fertigungssystemen an Hand von Investitionsrechnungsmodellen verstanden werden. Die dynamischen Eingangsgrößen sind beispielsweise die Stückzahlen-, Losgrößen- oder Teilemixentwicklungen.

Die Erarbeitung der theoretischen Grundlagen zur Wirtschaftlichkeitssimulation und die Entwicklung eines rechnergestützten Planungssystems erfolgen in der in Bild 1-4 dargestellten Vorgehensweise.

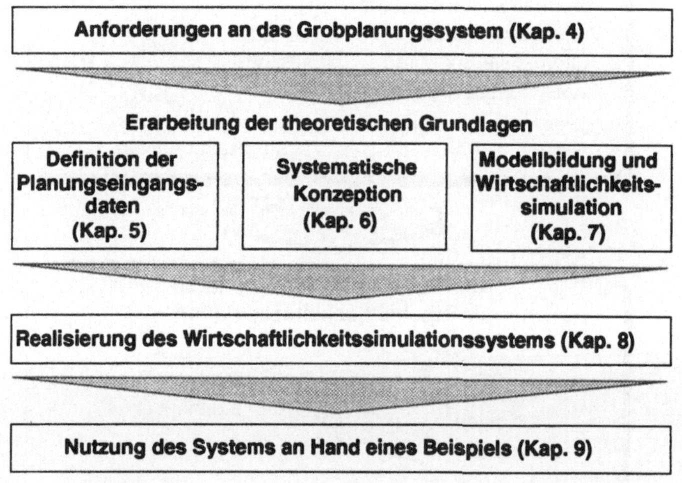

Bild 1-4: *Vorgehensweise bei der Entwicklung des Wirtschaftlichkeitssimulationssystems*

2. Technisch-wirtschaftliche Investitions-planung

2.1 Der Begriff Investitionsplanung

Im Zusammenhang mit der Planung von Fertigungssystemen werden in der Literatur die Begriffe Investitions- und Fabrikplanung benutzt. An dieser Stelle soll die Bedeutung der beiden Begriffe für die vorliegende Arbeit verdeutlicht werden.

Die Investitionsplanung und die Fabrikplanung sind ein Teil der Unternehmensplanung eines Produktionsunternehmens. Die globale, langfristige Zielplanung, im Rahmen derer die Gesamtzielsetzung für ein Unternehmen erarbeitet wird, stellt dabei die Grundlage für diese Planungsbereiche dar. Aus der Zielplanung gehen mit dem Produktionsprogramm und den allgemeinen Unternehmenszielen, wie z.B. die Qualität erhöhen, die Durchlaufzeiten oder die Kosten senken, wichtige Zielgrößen in die technisch-wirtschaftliche Investitionsplanung ein.

Mit dem Begriff "technisch-wirtschaftliche Investitionsplanung" verbindet /9/ die Zuordnung eines von der Unternehmensführung vorgegebenen Produktionsprogramms zu den zweckmäßigen Produktionseinrichtungen über einen technologischen, kapazitiven und wirtschaftlichen Abgleich des Bearbeitungs- und Maschinenprofils. Die Investitionsplanung liefert dabei Aussagen über den Bedarf an Sach-, Flächen-, Personal- und Finanzmitteln. Beim planerischen Einbinden der Betriebsmittel in die Fabrikabläufe wird die Investitionsplanung mit der Fabrikplanung konfrontiert, wobei in der Fabrikplanung die Ergebnisse der Investitionsplanung in den realen Betriebsablauf übertragen werden /10/.

Die Fabrikplanung hat nach /11/ im wesentlichen die optimale Gestaltung und rationelle Verwirklichung von Investitionsvorhaben zum Gegenstand. Die Aufgaben der Fabrikplanung sind die Auswahl der Produktionsmittel und die Gestaltung der Fabrikabläufe und der Fertigungsstätten. Im Rahmen der Planung werden die technisch-wirtschaftlich optimalen Voraussetzungen für die Fertigung eines vorgegebenen Produktionsprogramms unter Berücksichtigung einer entsprechenden Flexibilität ermittelt /11/. Die Standort- und Generalbebauungsplanung stehen dabei in engem Zusammenhang mit der Fabrikplanung. Erst wenn die Fabrikabläufe und die Anordnung der Betriebsmittel festgelegt sind, kann die Planung und Gestaltung einzelner Arbeitsplätze erfolgen (Bild 2-1).

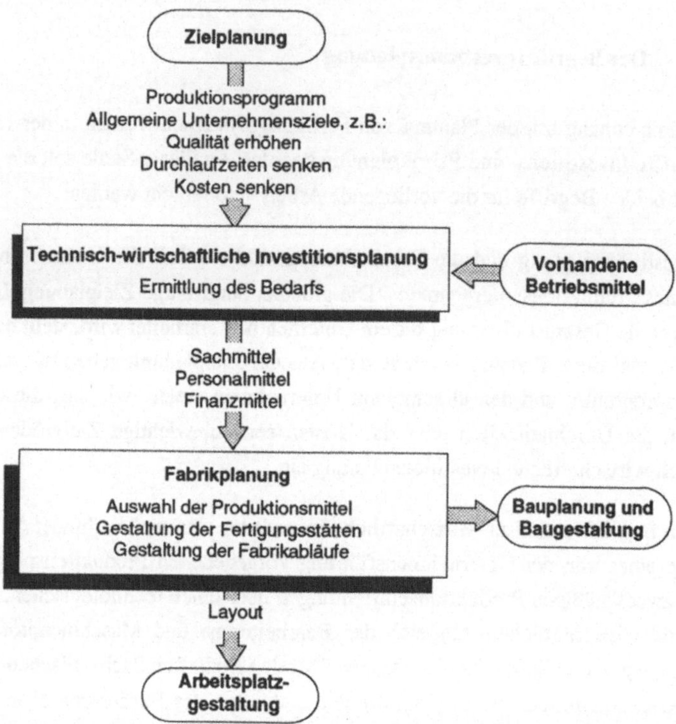

Bild 2-1:   *Relationen zwischen der Ziel-, Investitions- und Fabrikplanung im Rahmen der Unternehmensplanung /nach 10/*

Die vorliegende Arbeit hat die ganzheitliche technisch-organisatorische Planung von Fertigungssystemen unter besonderer Berücksichtigung der Wirtschaftlichkeit zum Gegenstand. Dabei handelt es sich primär um Investitionsplanungen, da der Bedarf an Personal-, Sach- und Finanzmitteln bestimmt wird. Es werden aber auch fabrikplanerische Aspekte angeschnitten, weil im Rahmen der ganzheitlichen Fertigungssystemauslegung insbesondere auch die Automatisierung, die Arbeitsorganisation und die

Materialflüsse bestimmt werden und damit ein Teil der Fabrikabläufe betrachtet wird. Im folgenden soll die Arbeit der Investitionsplanung zugeordnet werden, da ein Großteil der in dieser Arbeit bearbeiteten Themenbereiche der Investitionsplanung zuzurechnen ist.

2.2 Zeitliche Strukturierung der Investitionsplanung

Die hohen technischen und wirtschaftlichen Anforderungen, denen die heutigen Fertigungssysteme gerecht werden müssen, erfordern die Anwendung einer entsprechenden Systematik, bestehend aus geeigneten Vorgehensweisen, Planungsmethoden und Hilfsmitteln /vgl. 11, 12/. Die Notwendigkeit, ein Planungsprojekt in zeitliche Phasen zu strukturieren, wird dabei in zahlreichen Veröffentlichungen betont /1, 6, 7, 10, 11, 12, 13, 14, 15, 16/.

Nach /16/ ist die Stufung vom Groben zum Feinen, von einer ersten Konzeption schrittweise zu Details, unbedingt erforderlich, um unnötige Arbeiten zum falschen Zeitpunkt und überhöhten Aufwand zu vermeiden. Dabei ist es wichtig, für jede Phase die geeignete Planungstiefe zu finden. Die Erfahrung zeigt, daß sowohl die Überplanung mit einer zu großen Planungstiefe den Planungsaufwand erhöht als auch die Unterplanung durch unzureichende Genauigkeit letztendlich arbeitssteigernd wirkt /11/. Die einzelnen Planungsphasen lassen sich nicht streng voneinander trennen, sondern sind durch fließende Übergänge und zahlreiche Rückkopplungen im Planungsablauf geprägt. Ferner wird die zeitliche Strukturierung des Planungsablaufs vom "Groben zum Feinen" immer durch die vielfach wiederkehrenden Schritte vom "Idealen zum Realen" begleitet /16/.

Die in der Literatur nachweisbaren Investitionsplanungssystematiken sind sich bezüglich der zeitlichen Einteilung der Planungsphasen sehr ähnlich, obwohl die Gliederungsbegriffe teilweise unterschiedlich benutzt werden. In Anlehnung an /12, 14, 16/ lassen sich die einzelnen Planungsphasen in die Vor-, Grob- oder Struktur-, Fein- und Ausführungsplanung und den Systembetrieb gliedern. Für die Investitionsplanung sind vor allem die ersten 3 Planungsphasen von Bedeutung (Bild 2-2).

Im Rahmen der Vorplanung sollte mit vertretbarem Aufwand abgeklärt werden, ob überhaupt ein Bedürfnis nach einem neuen oder geänderten System besteht, welchen Anforderungen es genügen sollte, welche Lösungsprinzipien denkbar sind und welche die erfolgversprechendsten sind /14/. Dazu gehört eine Istanalyse mit der Untersuchung der bestehenden Fertigung und die Prognostizierung der zukünftigen Entwicklungen des Produktionsprogramms. Aus den Analyseergebnissen kann der benötigte Bedarf an Personal, Kapital, Flächen und Betriebsmitteln grob abgeschätzt und zur Konkretisierung an die Grobplanung weitergegeben werden /1/.

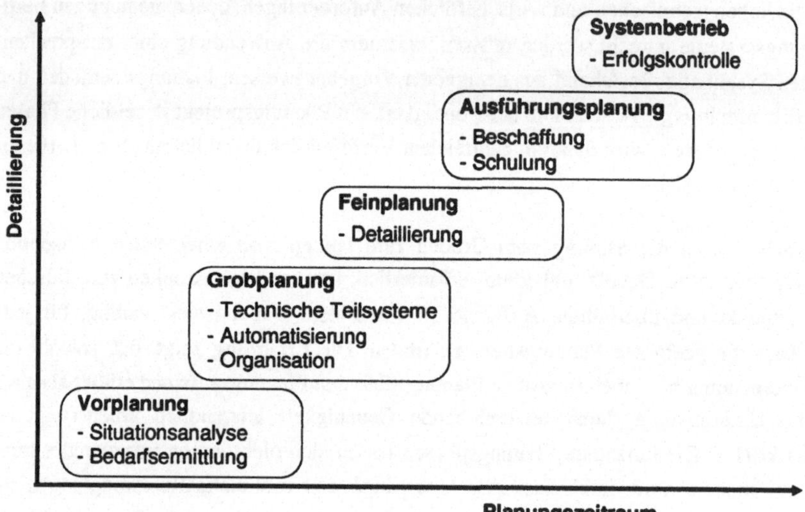

Bild 2-2: *Einteilung der Planungsphasen / nach 12, 14, 16/*

Die Grobplanungsphase nach /12/ entspricht weitestgehend dem häufig benutzten Begriff der Strukturplanung. Die Strukturplanung wird nach /15/ definiert als Festlegung des Automatisierungsgrads, der Kapazität, des Bearbeitungspotentials, der Flexibilität sowie der technischen und organisatorischen Wechselwirkungen zwischen den einzelnen Komponenten. Ein wesentlicher Unterschied zwischen der Vor- und Grobplanung liegt darin, daß die Vorplanung den Bedarf zunächst über einen Abgleich mit den vorhandenen Betriebsmitteln bestimmt, während die weiteren Planungsphasen die Auslegung der Neu- oder Änderungsinvestitionsvorhaben zum Ziel haben.

Die Feinplanung hat die Detaillierung der Teilsysteme zum Ziel. Im Rahmen der Ausführungsplanung wird die Beschaffung veranlaßt, die Personalschulung durchgeführt, das Produktionssystem installiert und der Testbetrieb durchgeführt. Nach dem Einfahren der neu errichteten Systeme läßt sich das Systemverhalten analysieren und eine abschließende Erfolgskontrolle durchführen.

3. Ausgangssituation für ein Wirtschaftlichkeitssimulationssystem

3.1 Situationsanalyse der Investitionsgrobplanung

3.1.1 Allgemeine Methoden und Hilfsmittel

Es ist bei allen Planungsprojekten zweckmäßig, eine methodische Vorgehensweise sicherzustellen /1, 14, 16, 17/. Die allgemeine Problemlösungsmethode kann nach /14/ problemneutral in die Schritte Situationsanalyse, Zielsetzung, Konzeption, Konzeptanalyse, Bewertung und Entscheidung gegliedert werden. Die problembezogene Anpassung der einzelnen Planungsschritte an die Investitionsgrobplanung erfolgt durch die Zuordnung der Arbeitsinhalte. Der Konzeptanalyse kommt in dieser Arbeit eine besondere Bedeutung zu, da alternative Fertigungssysteme bei der Planung vom "Groben zum Feinen" in Simulationsläufen immer wieder analysiert und bewertet werden sollen.

Die in der Literatur nachweisbaren Investitionsplanungssystematiken lehnen sich weitestgehend an diese Methodik an /z.B. 5, 6, 7, 11, 12, 13, 16, 18, 19, 20/. Bei der Realisierung der Systematiken in rechnergestützten Planungssystemen werden die Schritte Zielsetzung, Konzeptanalyse und Entscheidung aber in der Regel nicht explizit umgesetzt, sondern je als Teil der Analyse, Konzeption und Bewertung aufgefaßt (Bild 3-1). Diese Grobgliederung unterstützt das allgemeine systematische Vorgehen dennoch, wenn die für die jeweiligen Planungschritte erforderlichen Methoden bereitgestellt werden. Das soll beispielsweise im Wirtschaftlichkeitssimulationssystem der Fall sein, in dem die Schritte Konzeptanalyse und -bewertung in einem Bewertungsmodul mit den gleichen Simulationsmethoden bearbeitet werden sollen.

Die Analysephase mit der Analyse des Teilespektrums nach quantitativen und technologischen Gesichtspunkten bildet die Grundlage der Grobplanung von Fertigungssystemen. Diese Thematik wird in zahlreichen Arbeiten und Veröffentlichungen bearbeitet /z.B. 6, 7, 21, 22/ und soll hier nicht näher betrachtet werden.

Die Konzeptionsphase basiert auf den Analysedaten. Die Schwerpunktsetzung und die Vorgehensweise im Rahmen der Konzeption werden in den Arbeiten auf diesem Gebiet unterschiedlich gesehen. Die Planungssystematiken von /7, 13, 18/ beginnen die Konzeption mit der Bestimmung der Maschinen und bauen darauf das Gesamtsystem auf. Von /6, 23/ wird ein anderer Ansatz gewählt. Diese Autoren legen zunächst die Struktur des Fertigungssystems fest und bestimmen dann erst die technischen Details. Einige Planungssystematiken nehmen die Strukturentscheidung der Grobplanung vorweg und setzen den Schwerpunkt der Planung auf spezielle Strukturen wie flexible Fertigungssysteme /13, 18/ oder Sondermaschinen /21/.

In der Bewertungsphase werden die alternativen Fertigungskonzepte bewertet und die am besten geeigneten Fertigungssysteme ausgewählt, um sie in der Feinplanung zu detaillieren. Die Planung von Fertigungssystemen ist ein iterativer Prozeß, der immer wieder Phasenwechsel im Planungsprozeß erfordert.

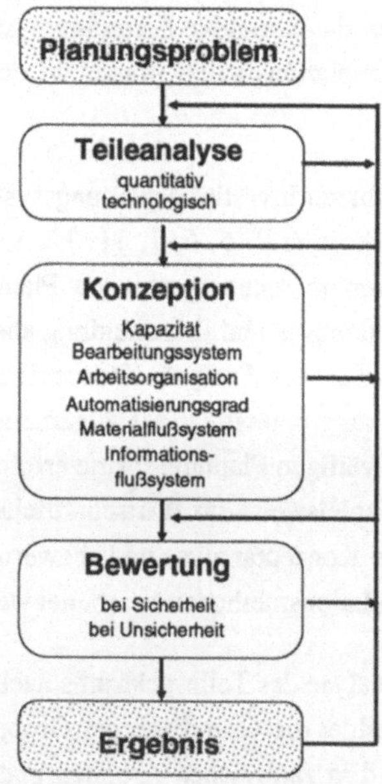

Bild 3-1:   *Systematische Vorgehensweise in der Investitionsgrobplanung*

Dem Bild 3-1 kann entnommen werden, daß die Aufgaben der Grobplanungsphase sehr vielfältig sind. Für die Bearbeitung der anfallenden Aufgaben sind geeignete Planungsmethoden einzusetzen. Die Grafik 3-2 zeigt eine Aufstellung der wichtigsten in der Grobplanung eingesetzten Methoden und deren Anwendungen /vgl. 1-27/. Dabei läßt sich erkennen, daß nur die Methode der Ablaufsimulation für die Bearbeitung unterschiedlicher Planungsaufgaben eingesetzt wird. Die anderen Methoden dienen der Lösung von Detailproblemen. Dazu gehören auch die heuristischen Methoden. Mit ihnen können die meisten Probleme bearbeitet werden, es ist jedoch in der Regel für jede Detailaufgabe eine eigenes angepaßtes Verfahren erforderlich.

Rechnerunterstützte Planungsmethoden	Grobplanungsaufgaben						
	Teileanalyse	Konzeption					Bewertung
		Bearbeitungssystem	Arbeitsorganisation	Automatisierung	Materialfluß	Fertigungssteuerung	
ABC-Analyse	●						
Entscheidungstabellen	●						●
Ablaufsimulation		●	●		●	●	●
Heuristische Methoden		●	●	●	●	●	
Investitionsrechnung							●
Nutzwertanalyse							●
Sensitivitätsanalyse							●

Bild 3-2:   *Zuordnung von Planungsmethoden und Grobplanungsaufgaben*

Die heuristischen Methoden zeichnen sich vor allem dadurch aus, daß sie zur Bearbeitung von Aufgaben einsetzbar sind, die mit mathematisch exakten Methoden gar nicht oder nur mit einem sehr großen Aufwand lösbar sind /14/. In der Arbeit von /7/ wird beispielsweise ein heuristisches Gruppierungsverfahren eingesetzt, um die geeignete Maschinenkombination für ein größeres Teilespektrum zu bestimmen. Ein weiteres Beispiel zeigt die Methodik nach /23/, bei der mit einem heuristischen Verfahren die Systemstruktur-Anfangslösungen der Planung mit je einer zeit- und einer kostenoptimalen Arbeitsplanvariante ermittelt werden. Die Systeme werden im Laufe der Planung dann optimiert.

Die unterschiedliche Eignung der Planungsmethoden für verschiedene Aufgaben spiegelt sich in den bisher realisierten Planungssystemen wider. Die Methode der Ablaufsimulation ist sehr vielfältig einsetzbar und daher prinzipiell auch für die Grobplanung geeignet. Sie erfordert allerdings realitätsnahe Modelle, deren Erstellung sehr zeitaufwendig sein kann /7, 23, 24, 25/. Die Ablaufsimulation wurde daher bisher vorwiegend in späteren Planungsphasen eingesetzt, in denen die Zahl der Lösungsalternativen nicht mehr so groß ist.

Andere Planungssysteme, die eine möglichst umfassende rechnergestützte Grobplanung zum Ziel haben, sind in der Regel durch die unterschiedlichen erforderlichen Methoden und Verfahren sehr komplex und dadurch in ihrer Anwendung ebenfalls zeitaufwendig. Hierzu zählen beispielsweise Expertensysteme, deren Wissensbasis und Regelwerk zusätzlich für den Planer oft wenig transparent und überschaubar sind, wodurch die Akzeptanz in der Praxis sinkt.

Ein Ausweg für die Grobplanung wird häufig darin gesucht, die mathematisch schwer lösbaren Planungsprobleme manuell durch das Fachwissen und die Erfahrung der Planer zu lösen. Die Planer orientieren sich dabei in der Praxis häufig an ihrem Wissen und bekannten Lösungen, wodurch die systematische Suche nach der optimalen Lösung eingeschränkt wird /1/.

Die dargestellten Vorgehensweisen bringen damit häufig entweder seitens der Qualität oder des Aufwands nicht die gewünschten Ergebnisse.

3.1.2 Bewertungsorientierte Methoden und Hilfsmittel

Die ganzheitliche und qualitativ hochwertige Planung von Fertigungssystemen erfordert meist sehr aufwendige Planungsmethoden (vgl. Kap. 3.1.1). Von /5, 23/ wird ein grobplanungsorientierter Lösungsweg darin gesehen, den technischen Konzeptionsvorgang enger mit der Bewertung zu verknüpfen. Dabei ist es nach /23/ das Ziel, mit Näherungsmethoden in der Konzeptionsphase zu schnellen Ergebnissen zu kommen, die Näherungslösungen mit entsprechenden Verfahren zu bewerten und an Hand der Ergebnisse die Konzeptionen zu optimieren (Bild 3-3). In der Konzeptionsphase wird damit die Problematik umgangen, geeignete exakte und damit auch aufwendige Methoden einzusetzen, und die Fragestellung wird in die Bewertung verlagert, in der effiziente einzelproblemübergreifende Verfahren bereitgestellt werden können.

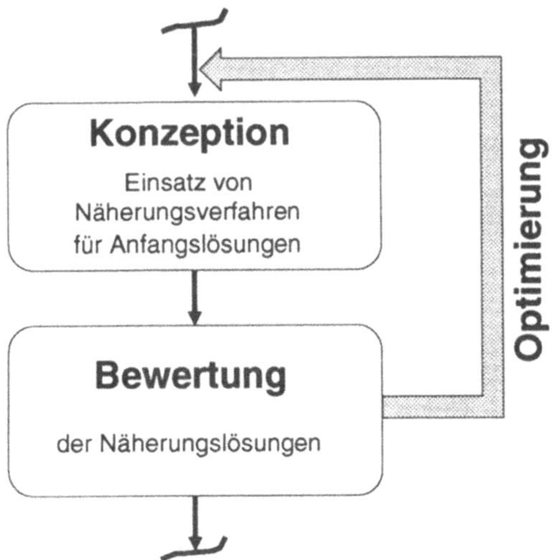

Bild 3-3:   *Enge Verknüpfung von Konzeption und Bewertung in der Grobplanung*

Die Systematik /23/ analysiert die Konzepte mit Hilfe von Ablaufsimulationen und bewertet die Ergebnisse anschließend mit statischen Investitionsrechnungen. Die Anfangslösungen werden dabei mit Hilfe geeigneter heuristischer Methoden ermittelt. Dadurch wird es möglich, die Methode der Ablaufsimulation auch effizient in der

Grobplanung einzusetzen. Die aufwendige Modellbildung ist nicht für eine große Zahl unterschiedlicher Konzepte erforderlich, sondern nur für die Anfangslösungen, die in Varianten dann weiter optimiert werden.

Das von /5/ entwickelte System führt die Planung schrittweise vom "Groben zum Feinen" durch. Dabei werden an jedem Entscheidungspunkt, an dem die Auswahl zwischen mehreren Alternativen besteht, diese sofort wirtschaftlich bewertet und nur die aussichtsreichen dem nächsten Planungsschritt zugeführt. Einzelne Planungsschritte sind beispielsweise die Wahl des Fertigungsverfahrens oder der Automatisierung. Die Planungssystematik /5/ ist in einem Expertensystem realisiert.

Der Vorteil der Vorgehensweise nach Bild 3-3 liegt in der bereichsübergreifenden Einsetzbarkeit der Bewertungsverfahren. Es lassen sich unterschiedliche technische, organisatorische und zeitbezogene Lösungen mit den gleichen Methoden beurteilen. Diese Vorgehensweise ist daher für die sehr heterogenen und komplexen Problemstellungen der Grobplanungsphase besonders geeignet.

Die Problematik bei der Anwendung dieser Methodik besteht dabei darin, geeignete Bewertungsverfahren einzusetzen, die eine fundierte Entscheidungsgrundlage liefern. Zur Problemstellung der Bewertung von Fertigungssystemen mit unterschiedlichem Automatisierungs- und Flexibilitätsgrad und neuer Technologien liegen einige Veröffentlichungen vor, /z. B. 5, 27, 28, 31, 35, 36, 42/. Den Arbeiten kann übereinstimmend entnommen werden, daß herkömmliche, an einzelnen Maschinen orientierte Bewertungsverfahren der Bewertung hochautomatisierter Systeme nicht mehr gerecht werden.

Ein Grund dafür ist, daß diese in der Praxis noch häufig eingesetzten Bewertungsverfahren den Systemcharakter von hochautomatisierten Fertigungssystemen nicht berücksichtigen. Mit hochautomatisierten Fertigungssystemen fallen zunächst hohe Investitionskosten an, die - zum Nachweis der Wirtschaftlichkeit gegenüber weniger automatisierten Systemen - Kosteneinsparungen an anderen Stellen erfordern. Das können Kostensenkungen durch relativ zuverlässig bestimmbare Personaleinsparungen oder Produktivitätssteigerungen sein, aber z.B. auch Kostensenkungen durch Qualitätsverbesserungen oder Durchlaufzeitverkürzungen sowie Erlössteigerungen durch den Einsatz neuer Technologien, die im Planungsstadium nur schwer quantifizierbar sind und die daher in den konventionellen Bewertungsverfahren meist nur unzureichend berücksichtigt werden /36/. Wenn die monetär schwer quantifizierbaren Größen nicht oder nur unzureichend berücksichtigt werden, steigt das mit der Investitionsentscheidung verbundene Risiko, da die Vor- und Nachteile der Entscheidung nicht umfassend bekannt sind. Die Sicherheit der Investitionsentscheidung kann durch die Anwendung zusätzlicher Bewertungsverfahren erhöht werden, die auch die monetär schwer quantifizierbaren Faktoren einbeziehen (Bild 3-4).

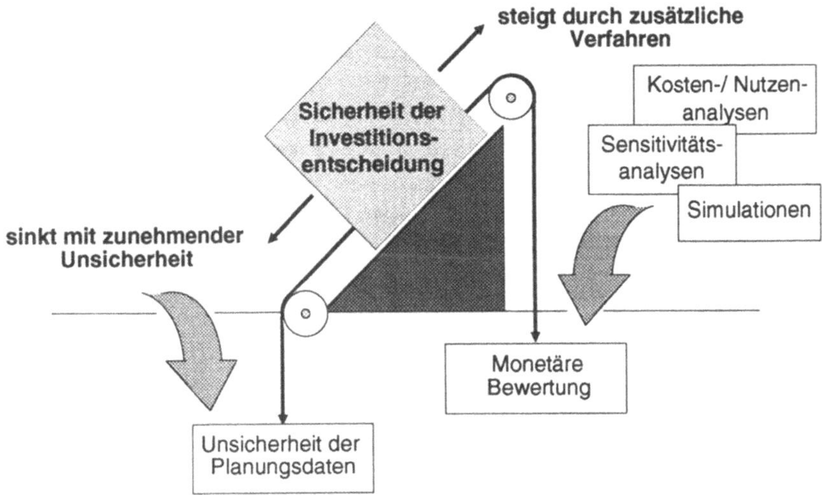

Bild 3-4:   *Zusätzliche Bewertungsverfahren erhöhen die Entscheidungssicherheit*

Das können Verfahren mit mehrdimensionalen Zielsystemen sein, wie z.B. kombinierte Kosten-/ Nutzen-Analysen. Ein derartiges Verfahren wird z.B. von /35/ zur Beurteilung der rechnerintegrierten Produktion vorgestellt. Eine ganzheitliche Investitionsbeurteilung kann auch mit einem eindimensionalen Zielsystem auf monetärer Basis durchgeführt werden, wie es im Rahmen des Wirtschaftlichkeitssimulationssystems angestrebt wird. Dabei geht man davon aus, daß die Wirtschaftlichkeit eines Fertigungssystems letztendlich die entscheidende Bewertungsgröße ist und alle entscheidungsrelevanten Einflußfaktoren sich in wirtschaftlichen Größen ausdrücken lassen /5/. Da die monetär schwer quantifizierbaren Größen aber einer größeren Fehlerhaftigkeit unterliegen, sind die Investitionsrechnungsergebnisse z.B. mit Sensitivitätsanalysen und Simulationen zu verifizieren und zu ergänzen. Ziel ist es, die Vor- und Nachteile sowie die Risiken aufzuzeigen, die mit einer Investitionsentscheidung verbunden sind /36/.

Der Einsatz von Sensitivitätsanalysen für monetäre Rechnungsparameter wird in der Literatur umfassend beschrieben, /z.B. 12, 27, 35/. Die Grundlagen zu Risikobetrachtungen bezüglich der Produktionsprogrammprognosen werden in /6/ behandelt. In der Arbeit werden die Einflüsse untersucht, die sich aus der Produktionsprogrammentwicklung für die Wirtschaftlichkeit von Fertigungssystemen ergeben können und mit einem statischen Investitionsrechnungsverfahren umgesetzt. Von /29/ wird ein Verfahren zur Wirtschaftlichkeitssimulation vorgestellt und an Hand eines Vergleichs zwischen einem FFS und einer Transferstraße erläutert. Dieses Verfahren hat das Ziel, verschiedene Fertigungsaufgaben zu simulieren und an Hand wirtschaftlicher Größen die geeigneten Einsatzbereiche von FFS abzuleiten. Ein weiteres Fallbeispiel beschreibt /30/. Er setzt ein dynamisches Bewertungsverfahren nach /27/ ein, das zur Beurteilung von FFS entwickelt und in einem rechnerunterstützten System umgesetzt wurde.

3.2 Abgrenzung des Wirtschaftlichkeitssimulationssystems

Die von /5, 23/ beschriebene Planungsmethodik, die Konzeptions- und die Bewertungsphase enger zu verknüpfen und schon Teilergebnisse wirtschaftlich zu bewerten, ist für die Grobplanungsphase besonders geeignet. Der Gedanke soll in dieser Arbeit aufgegriffen und weitergeführt werden. Diese Vorgehensweise erlaubt es, die in der Grobplanung mit exakten technisch orientierten Methoden nur schwierig zu lösenden Konzeptionsaufgaben näherungsweise zu bestimmen und die Konzepteignung in der Bewertungsphase mit wirtschaftlichen Verfahren zu prüfen. Sie ist daher für diese Arbeit, die eine ganzheitliche Planung unter besonderer Beachtung der Automatisierung, der Flexibilität und der Arbeitsorganisation zum Ziel hat, besonders vorteilhaft.

Der Investitonsplaner soll mit dem Wirtschaftlichkeitssimulationssystem bei der Planung der langfristig optimalen technisch-organisatorischen Gesamtkonzeption von Fertigungssystemen unterstützt werden.

Dabei muß die Entwicklung des Teilespektrums zeitabhängig in die Planung einflie-ßen, da mit dem Zeitaspekt ein wesentlicher Teil der Flexibilitätsanforderungen an ein Fertigungssystem definiert wird. Die von /6/ erarbeiteten Grundlagen zur Dynamik der Fertigungsaufgaben sollen aufgegriffen und in einem Wirtschaftlichkeitssimula-tionssystem für spanende Fertigungssysteme berücksichtigt werden. Während /6/ den Schwerpunkt der Flexibilitätsbewertung beim Vergleich bereits technisch optimierter Systeme sieht, soll dieser Aspekt im Sinne der oben beschriebenen Vorgehensweise vom Planungsbeginn an berücksichtigt werden. Dadurch kann vermieden werden, daß nach einer ausführlichen und zeitaufwendigen Konzeptionsphase festgestellt wird, daß die entwickelten Alternativen nicht an die Flexibilitätsanforderungen angepaßt sind. Die systematische Untersuchung der Wirkungen von zeitabhängigen Verände-rungen der Fertigungsaufgabe auf die Wirtschaftlichkeit mit einem monetären Simu-lationsverfahren unterscheidet die Zielsetzung dieser Arbeit ferner von den Arbeiten /5, 23/.

Mit der beschriebenen Methodik wird in der Bewertungsphase über die Alternativen entschieden, ohne die technischen Details festgelegt zu haben. Diese sollen in einer späteren Planungsphase bestimmt werden, wenn mehr Informationen vorliegen. Diese Vorgehensweise erfordert ein geeignetes Bewertungsverfahren, das auch ohne Detail-kenntnis zuverlässige Entscheidungen erlaubt. Da in dieser Arbeit der Zeitaspekt besonders berücksichtigt werden soll, können statische Bewertungsverfahren /6, 13, 23/ oder Kostenkalkulationsverfahren /31, 32/ für Investitionsentscheidungen nicht herangezogen werden /27, 33, 34, 35/. Hier soll auf das in /27/ vorgestellte dynami-sche Bewertungsfahren für FFS zurückgegriffen werden. Dabei sollen die anfallenden Auszahlungsströme allerdings nicht vom Planer eingegeben, sondern vom System automatisch über Kapazitäts- und Kostenmodelle errechnet werden. Dieser Aspekt sowie die Integration der Wirtschaftlichkeitssimulation in ein ganzheitlich orientiertes Grobplanungssystem unterscheidet die Zielsetzung der vorliegenden Arbeit von den reinen Bewertungsverfahren und -systemen /27, 29, 30/.

Die beschriebenen planerischen, wirtschaftlichen und zeitbezogenen Ziele bei der Entwicklung des Wirtschaftlichkeitssimulationssystems grenzen die vorliegende Ar-beit ferner von den Planungssystemen ab, die den Schwerpunkt auf die Konfiguration von Fertigungssystemen legen /vgl. 6, 37, 38, 39/.

4. Anforderungen an das Wirtschaftlichkeitssimulationssystem

Bei der Unterstützung einer systematischen Vorgehensweise muß sich die Planungssystematik nach Kap. 3-1 im Aufbau des Grobplanungssystems widerspiegeln. In einem Definitionsmodul können die Ergebnisse der außerhalb des Systems durchgeführten Teileanalyse festgelegt und später im Rahmen der Simulationen variiert werden. Im Konzeptionsmodul werden die alternativen Lösungen systematisch erarbeitet und im Bewertungsmodul mit Wirtschaftlichkeitssimulationen bewertet. Alle Module sollen Funktionen zur Ausgabe der Daten enthalten.

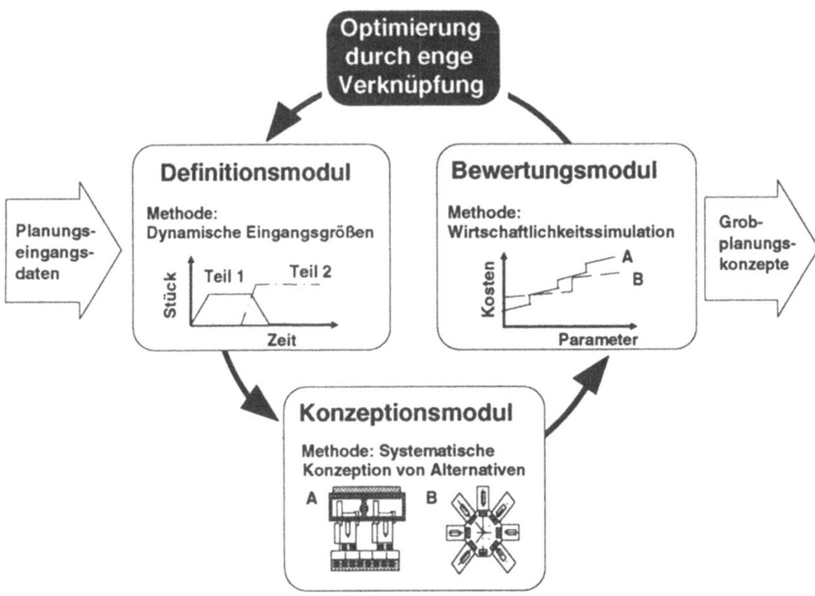

Bild 4-1:   *Kleine Planungsregelkreise zwischen dem Definitions-, dem Konzeptions- und dem Bewertungsmodul*

Bei der Grobplanung wird die Festlegung der am besten geeigneten technisch-organisatorischen Gesamtkonzeptionen und die Ermittlung des Bedarfs angestrebt (vgl. Kap.2). Das System wird für die Planung von spanenden Fertigungssystemen entwickelt. Die Planungsregelkreise sollen dabei zeitlich möglichst klein gestaltet werden, um schon in einem frühen Planungsstadium alternative Konzepte mit wirtschaftlichen Kriterien beurteilen und die wenig aussichtsreichen verwerfen zu können (Bild 4-1). Die Planungszyklen sollen bewußt häufig durchlaufen werden können, wobei die am besten geeigneten Konzepte immer weiter detailliert und optimiert werden.

Im Rahmen der Situationsanalyse muß der Planer das Planungsproblem an Hand der ihm vorliegenden Daten erfassen. Dabei stehen ihm die von der Unternehmensführung abgeschätzten Daten über die Produktionsprogrammentwicklung für die nächsten Jahre und die Grobarbeitspläne der Arbeitsplanung zur Verfügung. Die für die Planung relevanten Daten, wie Stückzahlen, Variantenzahlen, Lebenszyklen oder die technischen Teiledaten, definieren die Flexibilitätsanforderungen an das Fertigungssystem und sollen vom Investitionsplaner komfortabel und praxisnah in das Planungsprogramm eingegeben werden können. Dabei sollte die Bildung von Teilefamilien möglich sein (Bild 4-2). Neben der Eingabe von Projektdaten soll ferner die Definition und Pflege von Stammdaten (z.B. Maschinendaten) ermöglicht werden.

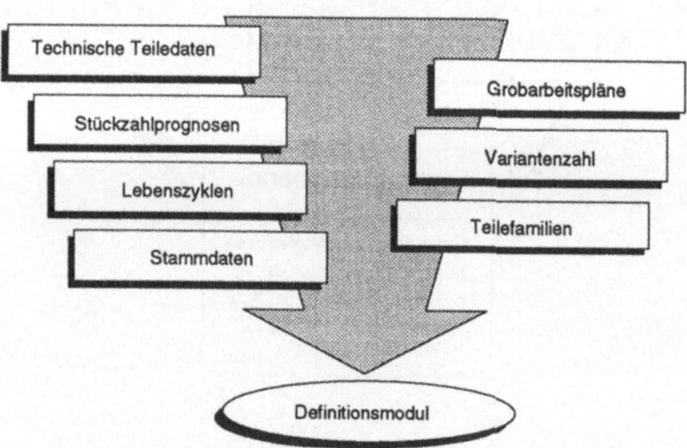

Bild 4-2:   *Anforderungen an das Definitionsmodul*

Mit dem Konzeptionsmodul soll die technisch-organisatorische Gesamtkonzeption von Fertigungssystemen ermöglicht werden (Bild 4-3). Dazu gehört die Bestimmung der Bearbeitungs-, Materialfluß- und Informationsflußsysteme. Aus dem Zusammenspiel dieser technischen Teilsysteme ergibt sich der Automatisierungsgrad. Die Planung des Automatisierungsgrads gewinnt insbesondere bei komplexeren Fertigungssystemen an Bedeutung, bei denen die gegenseitige Abstimmung der technischen Teilsysteme zur Realisierung eines optimalen Fertigungsablaufs sehr wichtig ist. Der Fertigungsprozeß wird neben den technischen Aspekten auch entscheidend von der Arbeitsorganisation geprägt. Bei Investitionsentscheidungen vor dem Hintergrund zeitabhängiger Produktionsprogramme kann die Frage, wann in welche Systeme zu investieren ist, ebenfalls von großer Bedeutung sein. Es ist eine geeignete Investitionsstrategie zu wählen.

Dem Planer sollen bei diesen konzeptionellen Planungsschritten, durch die Bereitstellung und Aufbereitung von potentiellen Lösungsalternativen, Hilfsmittel für die systematische Lösungssuche zur Verfügung gestellt werden. Ferner sollen die Konzepte durch die beschriebene Strukturierung für die Kapazitäts- und Investitionsrechnungen systematisch aufbereitet werden.

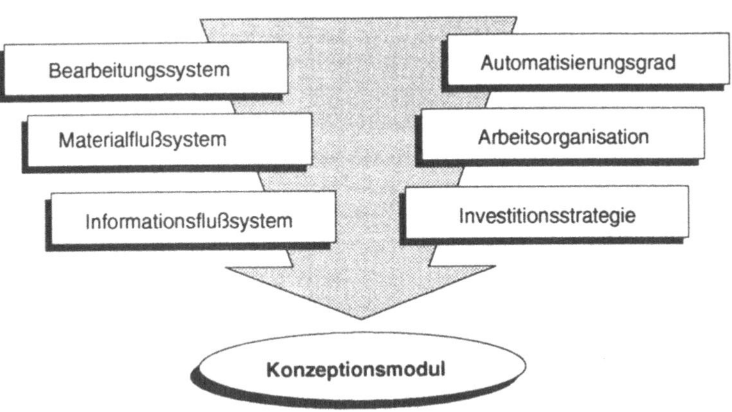

Bild 4-3:   *Anforderungen an das Konzeptionsmodul*

Die Konzeptbewertung soll im Simulationsmodul des Planungssystems mit Hilfe von Wirtschaftlichkeitssimulationen durchgeführt werden (Bild 4-4). Dazu müssen Simulationsmodelle zur Verfügung gestellt werden, die vergleichende Simulationsläufe unterschiedlich strukturierter Anlagen erlauben. Die Modelle sollen die Fertigungskonzepte möglichst realitätsnah beschreiben. Um optimale Planungsergebnisse und eine hohe Akzeptanz zu erhalten, ist es besonders wichtig, die Rechnungsdaten dem Planer transparent zu machen und ihm jederzeit Korrekturmöglichkeiten einzuräumen. Die Analyse und Bewertung soll nicht absolut, sondern systemvergleichend durchgeführt werden. Hier ist zu beachten, daß die Systemgrenzen einheitlich gewählt werden, so daß ein direkter Konzeptvergleich möglich wird.

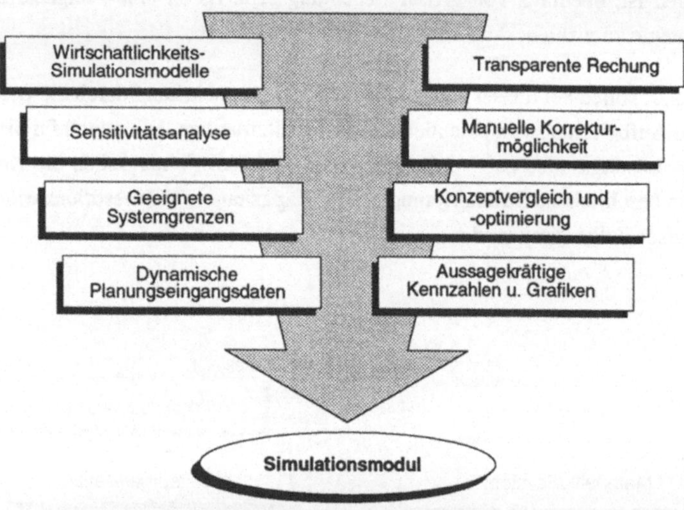

Bild 4-4:   *Anforderungen an das Simulationsmodul*

Bei der Wirtschaftlichkeitssimulation geht es darum, die alternativen Fertigungskonzepte an Hand der Unternehmensziele und der zeitlichen Entwicklungen des Produktionsprogramms zu bewerten und zu optimieren. Die unterschiedlichen Konzepte sollen wirtschaftlich beurteilt und die über der ganzen Nutzungsdauer am besten geeigneten Systeme zur weiteren Optimierung ausgewählt werden. Das Bewertungsverfahren muß dazu dynamische Planungseingangsdaten verarbeiten und auswerten können.

Es muß ferner die problemabhängige Wahl der Systemgrenzen zur Umsetzung einer umfassenden Bewertung ermöglichen.

Die Wirkungen der unsicheren Eingangsgrößen auf die Wirtschaftlichkeit sollen in Sensitivitätsanalysen untersucht werden, wozu insbesondere auch die Untersuchung der Flexibilitätseigenschaften gehört. Die Bewertungsergebnisse sollten in Kennzahlen und Grafiken so aufbereitet werden, daß Rückschlüsse auf die Kostenverantwortung der gewählten Systemstrukturen und -komponenten und des Teilespektrums ermöglicht werden. Die beschriebenen Anforderungen seitens der Bewertung werden im Simulationsmodul des Planungssystems umgesetzt.

5.   Definition der Planungseingangsdaten

5.1   Überblick

Die von der Unternehmensplanung prognostizierten Teiledaten, Mengen- und Zeitangaben des Produktionsprogramms bilden die Grundlage für die Investitionsplanung mit dem Wirtschaftlichkeitssimulationssystem. Hinzu kommen die Grobarbeitspläne des Teilespektrums, die in der Arbeitsplanung des Unternehmens erstellt oder Angeboten von Maschinenherstellern entnommen werden können. Im folgenden wird dargestellt, wie und in welchem Umfang die Daten für eine effiziente Planung in das Grobplanungssystem einfließen können (Bild 5-1). Die Eingabe von projektunabhängigen Stammdaten ist dabei von sekundärer Bedeutung und wird daher beispielhaft in Kapitel 8 behandelt.

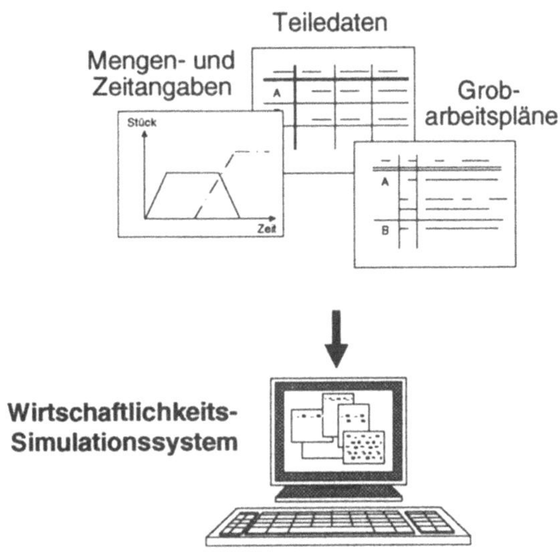

Bild 5-1:   *Planungseingangsdaten für das Wirtschaftlichkeitssimulationssystem*

5.2 Teiledaten

Die Teiledaten sollen das Teilespektrum unabhängig von den Mengen-, Zeit- und Bearbeitungsangaben beschreiben, um im Rahmen der weiteren Arbeit verschiedene Planungsspiele durchführen und Redundanzen vermeiden zu können. Die erforderlichen Angaben sind die Größe, das Gewicht und der Werkstoff der Werkstücke (Bild 5-2). Diese Daten beeinflussen die Maschinenauswahl hinsichtlich der Baugröße, des Arbeitsraums, des maximalen Tischgewichts usw. und sind daher anzugeben.

Teil	Bezeichnung	Aussenmaße	Gew.	Werkst.
A	Deckel	100x200x150	4	Al
B	Gehäuse	250x570x80	9	St 37
C	Zylinderblock	360x240x500	12	St 52

Bild 5-2:   *Teiledaten*

5.3 Mengen- und Zeitangaben

Um den Zeitaspekt in der Investitionsplanung ausreichend berücksichtigen zu können, ist es erforderlich, die Stückzahlentwicklung während der Nutzungsdauer des zu planenden Fertigungssystems zu erfassen. Das geeignete Darstellungshilfsmittel sind die Produktlebenszyklen, die die Stückzahlentwicklung in Abhängigkeit von der Zeit in einem Graphen darstellen.

Ein Produktlebenszyklus kann in die Phasen Einführung, Wachstum, Reife, Sättigung und Abstieg gegliedert werden. Die Aufstellung von exakten Produktlebenskurven ist nach /40/ sehr schwierig und vom jeweiligen Planungsfall abhängig. In der Investitionsplanungspraxis werden in der Regel vereinfachte Planverläufe angenommen, die für die Investitionsgrobplanung als ausreichend genau angenommen werden können /11, 29/. Der tendenzielle Verlauf einer Produktlebenslinie ist in Bild 5-3 dargestellt /nach 11/. Er besteht immer aus einer Anlauf-, einer Serienproduktions- und einer Auslaufphase. Die einzelnen Phasen können produktabhängig unterschiedlich lang sein. Wenn beispielsweise ein Unternehmen aus der Investitionsgüterindustrie nach dem Auslauf eines Produkts noch sehr lange Ersatzteile bereitstellt, ist die Auslaufphase länger als beim Auslauf von Verbrauchsgütern. Für die Investitionsgrobplanung ist es erforderlich, die markanten Verläufe und Eckwerte der Lebenszyklen zu erfassen (Bild 5-3). Der linearisierte Verlauf läßt sich durch eine steigende Gerade in der Anlaufphase und eine fallende Gerade in der Auslaufphase annähern /11, 29/. Die Serienproduktionsphase kann in dieser Vereinfachung als konstant angenommen werden. Die vereinfachten Lebenszyklen können mit vier Zeitpunkten und der Stückzahl mathematisch beschrieben werden.

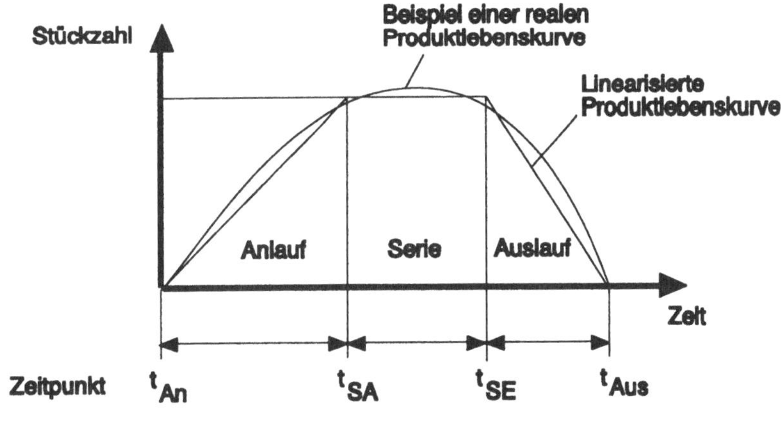

Bild 5-3: *Linearisierung der Produktlebenskurven /nach 11/*

Die Produktlebenskurven bilden über die Kapazitätsrechnung die Grundlage der Investitionsrechnung. In der dynamischen Investitionsrechnung ist es üblich, die Zahlungsströme periodenweise zu erfassen, was bedeutet, daß die Ein- und Auszahlungen zeitlich mit der Genauigkeit eines Rechnungsjahres erfaßt werden. Da die Produktlebensverläufe im Rahmen der Wirtschaftlichkeitssimulation letztendlich der Investitionsrechnung dienen, liegt es nahe, die zeitlichen Eckwerte der Kurven ebenfalls mit der Genauigkeit einer Periode anzugeben. Bei dieser Betrachtung werden periodenweise durchschnittliche Stückzahlen und Losgrößen für die Lebenszyklen angesetzt (Bild 5-4). Die Zeitangabe im Jahresraster kann bei Produktlebensverläufen unter drei Jahren zu größeren Verzerrungen führen. Da die Lebensdauer typischer Maschinenbauteile etwa zwischen 3 und 20 Jahren liegt /2/, werden in diesem Bereich in der Investitionsgrobplanung keine nennenswerten Fehler gemacht.

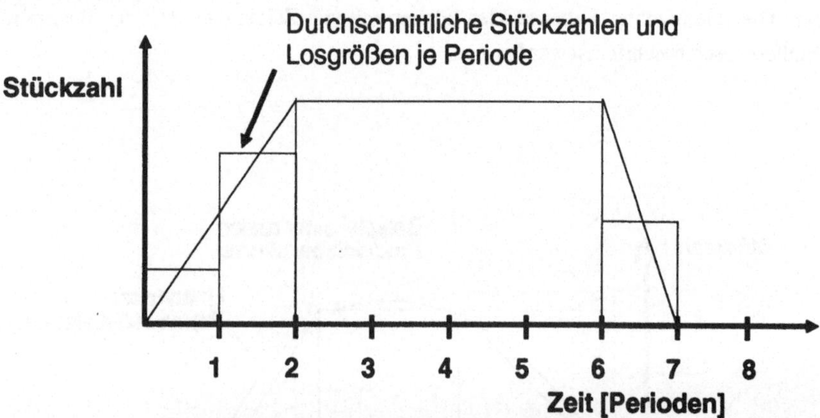

Bild 5-4:   *Definition der Produktlebenskurven im Periodenraster*

Die Mengen- und Zeitangaben einer Produktlebenskurve werden zunächst für ein Teil definiert. Insbesondere bei größeren Teilespektren gibt es in der Regel Teile, die die gleichen Arbeitsfolgen und Lebenszyklen aufweisen und sich damit in Teilefamilien zusammenfassen lassen, ohne daß wesentliche Planungsdaten verlorengehen. Die Teiledaten sollen daher sowohl teilespezifisch detailliert als auch in Teilefamilien mit durchschnittlichen Losgrößen und Bearbeitungszeiten definiert werden können. Dazu wird bei der Definition der Lebenskurven ein Faktor eingeführt, der angibt, aus wievielen Varianten sich die Teilefamilien und damit die Mengenangaben zusammensetzen, um den zeitlichen Aufwand für Rüstvorgänge und den materiellen Aufwand für Vorrichtungen in die Wirtschaftlichkeitsrechnung einfließen lassen zu können. Durch diese Vereinfachung wird die Rechnung wesentlich beschleunigt.

5.4 Grobarbeitspläne

Ausgehend von den Teiledaten kann in der Arbeitsplanung die Teileanalyse durchgeführt werden. Die Teile müssen nach den möglichen Bearbeitungsverfahren, den Spannsituationen, den Arbeitsvorgängen und -folgen, Schnittwerten und Werkzeugen untersucht werden. Die Arbeitsplanung kann dabei mit einem an die Erfordernisse der Grobplanung angepaßten geringeren Detaillierungsgrad erfolgen. Als Ergebnisse sollten für jedes Teil alternative Grobarbeitspläne mit den spezifizierten Arbeitsfolgen erstellt werden /vgl. 7, 39/.

Die alternativen Grobarbeitspläne als Eingangsgrößen des Grobplanungssystems sollen dabei systematisch nach den möglichen Bearbeitungsverfahren und nach den einsetzbaren Maschinentypen erstellt und aufbereitet werden. Dadurch wird es im Wirtschaftlichkeitssimulationssystem möglich, die Bearbeitungsmöglichkeiten durchzuspielen und wirtschaftlich miteinander zu vergleichen. Das Planungssystem kann die Arbeitsplanerstellung durch systematische Anleitung und Aufbereitung von Informationen wirkungsvoll begleiten. Im Bild 5-5 ist ein Beispiel für die möglichen Grobarbeitspläne für ein einfaches Teil mit Dreh-, Bohr- und Fräsbearbeitungen dargestellt. Die Arbeitsinhalte können hier auf Maschinen mit unterschiedlicher Kinematik und Bearbeitungsverfahren und mit einer verschiedenen Zahl von Arbeitsfolgen bearbeitet werden. Im Bild 5-5 sind beispielhaft vier Arbeitsplanvarianten dargestellt.

Die Grobarbeitspläne müssen im Sinne einer effizienten Planung im Planungssystem geeignet definiert werden. Die Arbeitsfolgen eines Arbeitsplans enthalten nach /10/ Angaben über die einzusetzenden Maschinen sowie Vorgabezeiten für das Personal und die Betriebsmittel, die von der Arbeitsplanung festgelegt werden. Die Arbeitsfolgen eines Teils, die für die Auslegung eines Fertigungssystems irrelevant sind, z.B. eine Arbeitsfolge "Härterei", brauchen nicht ins Planungssystem eingegeben werden. Die Vorgabezeiten gehen im Wirtschaftlichkeitssimulationssystem in die Bedarfs-

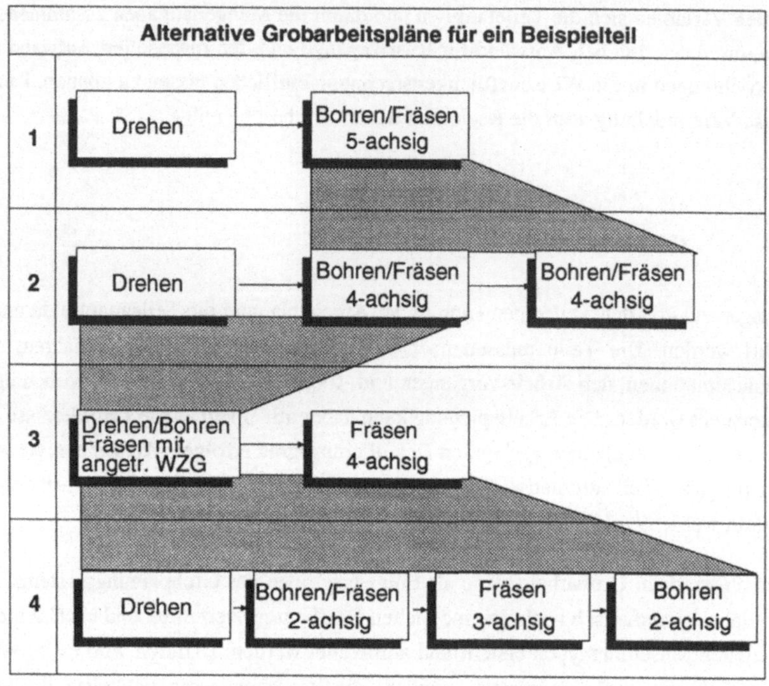

Bild 5-5:   *Entwicklung alternativer Grobarbeitspläne*

rechnungen für das Personal und die Betriebsmittel ein. Die Zeiten können für das Personal und die Maschinen in Abhängigkeit von der Automatisierung unterschiedlich sein.

Die Unterschiede sind am Beispiel einer unverketteten CNC-Maschine und einer in einem Flexiblen Fertigungssystem eingebundenen höher automatisierten Maschine im Bild 5-6 dargestellt. Im wesentlichen unterscheiden sich die Werkstückwechsel-, die Werkzeugtausch- und die Rüstzeiten voneinander, die zur Berechnung des Maschinen- und Personalbedarfs anzusetzen sind. An der CNC-Maschine gehen alle Zeitanteile in die Kapazitätsrechnungen für die Maschinen und das Personal ein. Im flexiblen Fertigungssystem können die Vorgänge weitgehend parallel erfolgen, so daß nur die Bearbeitungs- und die Einfahrzeiten in die Maschinenbelegungszeit eingehen. Bei

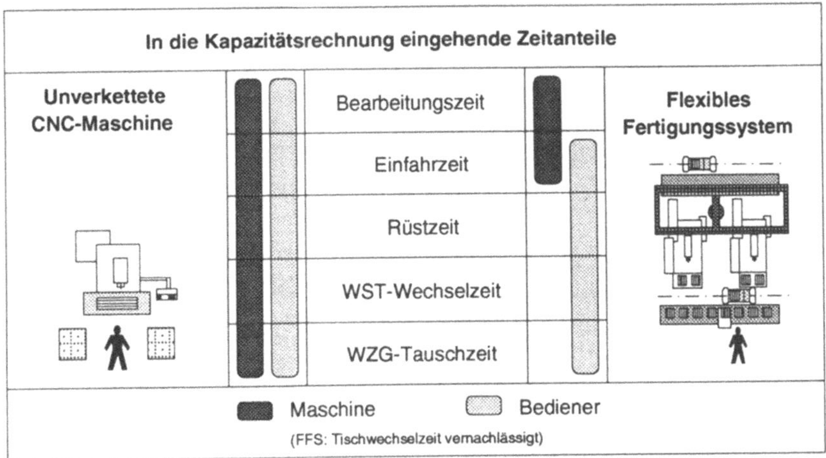

Bild 5-6:   *Zeitanteile für die Kapazitätsrechnung bei Maschinen und Personal*

der Berechnung des Personalbedarfs müssen die manuellen Rüstzeiten aber dennoch berücksichtigt werden. Die Vorgabezeiten für das Personal und die Maschinen sind in unterschiedlich automatisierten Systemen also zu differenzieren.

Um dem Anwender des Grobplanungssystems die Bestimmung der Vorgabezeiten zu erleichtern und die Planung effektiver zu gestalten, sollen die Vorgabezeiten im Grobplanungssystem soweit möglich nur einmal definiert und dann automatisch über Parameter korrigiert werden. Für Vergleiche, bei denen gleiche Maschinen in unterschiedlichen Automatisierungskonzepten untersucht werden sollen, ist dies unabhängig vom Automatisierungsgrad möglich. Dadurch wird die Betrachtung auch einer größeren Zahl von Lösungsalternativen ohne großen Zeit- und Arbeitsaufwand möglich.

Dabei ist es sinnvoll, die Vorgabezeiten - mit Ausnahme der Bearbeitungszeit - in den Arbeitsplänen personalbezogen zu definieren (vgl. Bild 5-7), da die manuellen Tätigkeiten auch in unterschiedlich automatisierten Fertigungssystemen meistens gleich sind. Ferner lassen sich die Vorgabezeiten für die Maschinenkapazitätsrechnungen relativ leicht über Korrekturfaktoren aus den personalbezogenen Zeiten errechnen, weil die eingehenden Zeiten häufig konstant oder gleich null sind (z.B. Rüstzeiten bei FFS). Das bedeutet, daß in den Arbeitsplänen diejenigen Zeiten angegeben werden,

die ein Bediener zur Verrichtung der jeweiligen Tätigkeiten braucht. Die Korrekturparameter sind im System abgelegt und errechnen die tatsächlich in die Kapazitätsrechnungen eingehenden Zeiten abhängig vom jeweils gewählten Automatisierungskonzept. Die Einbindung der Korrekturfaktoren in die Kapazitätsrechnungen
sind in Kap. 7.3.2 erläutert.

Zeitart		Bezug	Beispiel
Bearbeitungszeit	t_B	Masch.	Zustellen, Zerspannen, WZG-Wechsel
Werkstückwechselzeit	t_{WSW}	Person.	man. Wechsel od. Tischwechsel
Verteilzeit	t_V	Person.	Nacharbeit, Reinigung, Störung
Rüstzeit	t_R	Person.	Vor., WZG tauschen
Einfahrzeit	t_E	Person.	Vorrichtungsvermessung, Korrekturparam.
einmalige Rüst-/Einfahrzeit	t_{RE}	Person.	NC-Programme einfahren
Werkzeugtauschzeit	t_{WZT}	Person.	WZG-Tausch (Verschleiß, Auftragswechsel)

Bild 5-7: *Zeitenmodell für die Grobarbeitspläne und die Kapazitätsrechnung*

Um der Kapazitätsrechnung unterschiedlich automatisierter Fertigungssysteme in der
Grobplanung gerecht zu werden, ist es sinnvoll, die Vorgabezeitmodelle nach /41/ an
die vorliegende Problemstellung anzupassen. Die Werkzeugwechselzeit soll bei allen
CNC-Maschinen annähernd gleich sein und daher nicht explizit in der Rechnung
mitgeführt werden. Sie wird der Bearbeitungszeit zugeschlagen. Ferner werden zusätzliche Zeiten eingeführt, wie z.B. die Einfahrzeit und die einmalige Rüst- und
Einfahrzeit. Die Trennung von Einfahrzeit und Rüstzeit ist zweckmäßig, da in hochautomatisierten Systemen die Rüstzeit häufig hauptzeitparallel anfällt und damit nicht
in die Maschinenbelegungszeit eingeht, während die Einfahrzeiten immer in die Maschinenbelegungszeit eingehen. Diese detaillierte Zeitendifferenzierung dient in der
Grobplanung in erster Linie dazu, dem Planer die Unterschiede zwischen den verschiedenen Systemen bewußt zu machen und ihn bei einer sorgfältigen Datendefinition zu unterstützen. Für erste "Grobsimulationsläufe" kann auch mit pauschalen
Rüstzeiten gearbeitet werden.

6. Ganzheitliche Konzeption von Fertigungssystemen

6.1 Überblick

In Kapitel 6 sollen die theoretischen Grundlagen für die technisch-organisatorische und zeitbezogene Gesamtkonzeption von Fertigungssystemen erarbeitet werden. Bei der Konzeption ergeben sich die im Bild 6-1 dargestellten prinzipiellen Fragestellungen (vgl. Kap. 4). Der Planer muß entscheiden, welche technischen Teilsysteme installiert werden sollen und muß deren Automatisierung aufeinander abstimmen. Bei der technischen Gestaltung der Systeme sind insbesondere auch die arbeitsorganisatorischen Aspekte zu beachten, da enge Interdependenzen zwischen diesen Faktoren bestehen. Ferner kommt der Betrachtung der Investitionsstragie eine besondere Bedeutung zu, mit der die Investitionsvorhaben nach Art, Umfang und Investitionszeitpunkt festgelegt werden.

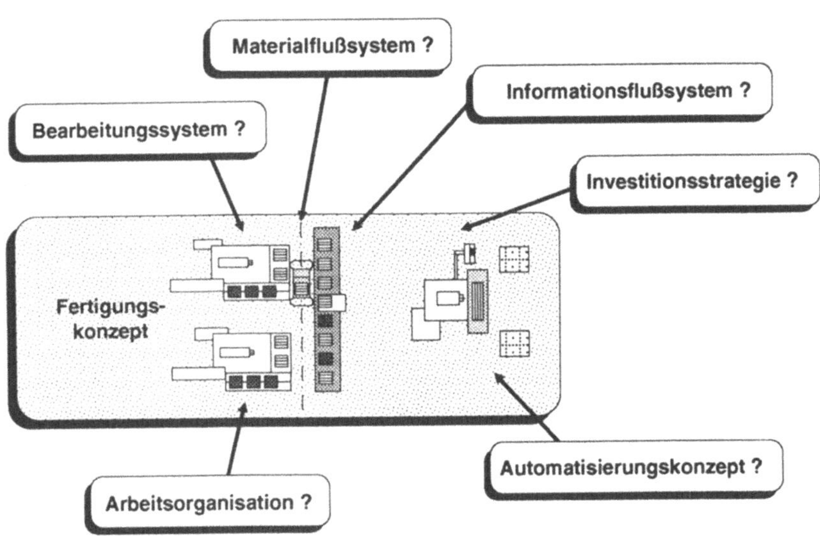

Bild 6-1: *Problemstellungen in der Konzeptionsphase*

6.2 Teilsysteme von Fertigungssystemen

6.2.1 Bearbeitungssystem

Die am Markt verfügbaren Werkzeugmaschinen unterscheiden sich nach den prozeßbestimmenden Kenndaten und insbesondere auch nach der Automatisierbarkeit. Dieser Aspekt ist für die Konzeptionsaufgaben im Rahmen der Grobplanung besonders wichtig. Die Werkstück- und Werkzeugsysteme müssen bei einer Verkettung der Maschinen (vgl. Kap. 6.2.2) mit entsprechenden Schnittstellen ausgestattet sein. Das gleiche gilt für die Informationsflußsysteme der Maschinen, wenn sie mit übergeordneten Rechnersystemen kommunizieren sollen. Neben den prozeßbestimmenden Maschinendaten muß daher auch die Automatisierbarkeit der Maschinen mit entsprechenden Kennzahlen in der Maschinendatenbank abgebildet werden.

Die Ausführungsformen von Werkzeugmaschinen werden in der Literatur ausführlich behandelt und daher hier nicht erläutert. Die folgenden Kapitel betrachten insbesondere die systemtechnischen Aspekte bei der Einbindung von Werkzeugmaschinen in Fertigungssysteme.

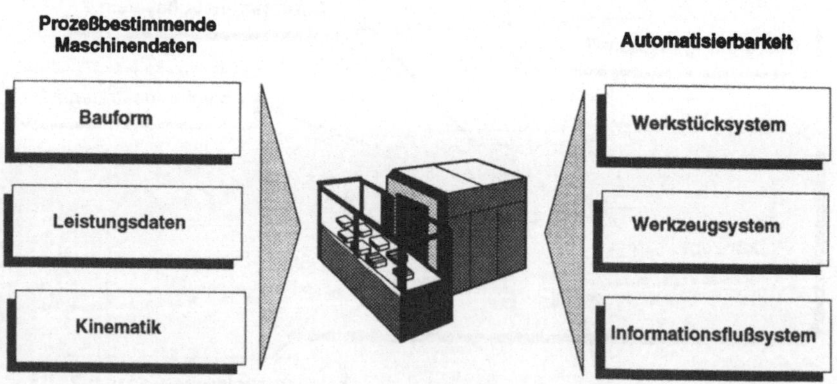

Bild 6-2:   *Wichtige Kenndaten von Werkzeugmaschinen für die Grobplanung*

6.2.2 Materialflußsystem

Die Tatsache, daß je nach Branche 10 bis 35% der gesamten Herstellungskosten Materialflußkosten sind /43/, unterstreicht die Bedeutung, die der Planung des Materialflusses zukommen muß. Bei der Grobplanung von Fertigungssystemen sind die Materialflußvorgänge zwischen und innerhalb einzelner Fertigungszellen oder -systeme zu betrachten. Die Aufgabe des Materialflusses in der Fertigung beinhaltet die Lagerung, den Transport, den Austausch und die Handhabung von Werkstücken, Werkzeugen, Meßzeugen, Vorrichtungen und Spannmitteln /43/. Das Wirtschaftlichkeitssimulationssystem soll den Planer bei der Wahl und Auslegung der Materialflußeinrichtungen, insbesondere unter dem Aspekt der Automatisierung, unterstützen. Dazu sollen im folgenden die wichtigsten für die Grobplanung relevanten Materialflußeinrichtungen hinsichtlich ihrer Einsatzmöglichkeiten gegeneinander abgegrenzt werden.

Das Materialflußsystem umfaßt die Förder-, Speicher- und Handhabungssysteme. Das Wirtschaftlichkeitssimulationssystem soll am Beispiel der spanenden Fertigung entwickelt werden, so daß nur jene Systeme betrachtet werden, die in diesem Bereich eingesetzt werden. Eine umfassende Strukturierung der Materialflußeinrichtungen ist beispielsweise in /43, 45/ dargestellt.

Die Darstellung 6-3 zeigt einer Gliederung der Fördermittel, die in der spanenden Fertigung zum Einsatz kommen. Die Fördermittel können nach der Art, wie sie die Werkzeugmaschinen verketten, gegliedert werden /vgl. 12, 43, 44/. Nach /43/ lassen sich unverkettete, außenverkettete und innenverkettete Systeme unterscheiden. In unverketteten Systemen kommen manuell bediente Unstetigförderer wie Hallenkräne und Gabelstapler zum Einsatz. In der konventionellen Einzel- und Kleinserienfertigung ist dieses Konzept die Regel.

Die wichtigsten Fördermittel in außenverketteten Systemen sind automatische Unstetigförderer, wie z.B. fahrerlose induktiv geführte Transportsysteme (FTS) und Schienenfahrzeuge. Die Schienenfahrzeuge werden zu einem überwiegenden Teil in den heute realisierten flexiblen Fertigungssystemen in der Klein- und Mittelserienfertigung eingesetzt. Die Fahrzeuge bedienen in der Regel einen Palettenspeicher und mehrere Maschinen mit palettengebundenen Werkstücken auf einem linearen Fahrkurs. Bei größeren verketteten Fertigungssystemen, die einen komplexeren Fahrkurs erforderlich machen, kommen induktiv geführte Fördersysteme zum Einsatz, die Kurvenfahrten und Abzweigungen ermöglichen. Die außenverketteten Systeme zeichnen sich in der Regel durch eine hohe Flexibilität mit wahlfreiem Werkstück- oder Werkzeugzugriff aus.

Die Innenverkettung kommt meist in Sondermaschinen in der Großserienfertigung zum Einsatz. Die wichtigsten Vertreter sind Transferstraßen nach dem palettengebundenen oder -ungebundenen Prinzip und Rundtaktmaschinen. Ein wichtiger Kostenpunkt in Transferstraßen bei palettengebundenem Werkstücktransfer ist der Rücktransport der Paletten zur Ausgangsmaschine. Dagegen sind Förderkonzepte mit Rundtakttischen in Rundtaktmaschinen bei weitem weniger kapitalintensiv. Allerdings ist die Zahl der Bearbeitungsstationen auf etwa 8 beschränkt. Die innenverketteten Systeme weisen eine geringere Flexibilität als die außenverketteten auf. Es kann nur ein gerichteter Werkstücktransport realisiert werden.

Bei der vergleichenden Betrachtung der Speichereinrichtungen in alternativen Fertigungskonzepten sind zunächst nur die fertigungsnahen Speichersysteme von Interesse. Es soll davon ausgegangen werden, daß die zentralen Lagersysteme bei den konkurrierenden Fertigungskonzepten etwa gleiche Kosten verursachen. Die fertigungs-

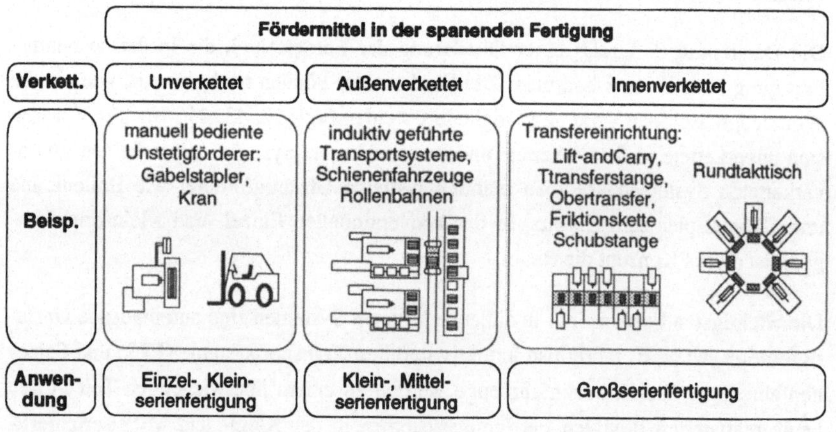

Bild 6-3:   *Einteilung der Fördermittel für die Grobplanung*

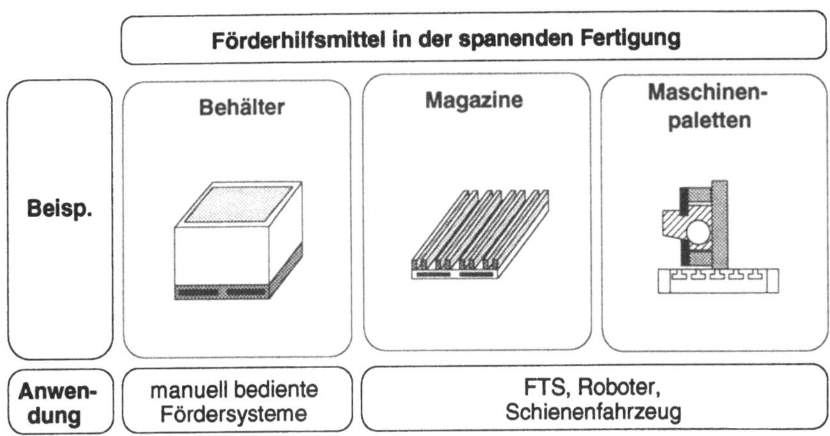

Bild 6-4:   *Einteilung der Förderhilfsmittel für die Grobplanung*

nahen Speicher dienen gleichzeitig als Förderhilfsmittel und stellen die Schnittstelle zwischen Transport und Handhabung dar.

In der spanenden Fertigung können Behälter (z.B. Gitterboxen), Magazine und Maschinenpaletten unterschieden werden (Bild 6-4). Die Behälter weisen das größte Speichervolumen auf, sind aber nur für manuell beschickte Maschinen oder zur Anlieferung an Systeme geeignet. Wenn Handhabungsgeräte eingesetzt werden, müssen die Werkstücke und Werkzeuge heute noch lageorientiert und fördersicher fixiert in Magazinen angeordnet sein, so daß sie prozeßsicher automatisch gegriffen werden können. Die dritte Förderhilfsmittelgruppe sind die Paletten. Die Werkstücke werden bei diesem Konzept in Vorrichtungen auf Maschinenpaletten positioniert und gespannt und als komplette Einheit transportiert. Das Speicher- und Fördervolumen ist bei diesem Konzept am geringsten, da nur einzelne Werkstücke, oder bei Mehrfachspannungen einige wenige, auf einer Palette gespannt sind. Die Einheiten werden an einem Rüstplatz vorgerüstet und in Palettenspeichern zwischengelagert. Für die Magazine und Paletten können als Fördermittel induktiv geführte oder schienengebundene Fördermittel und Roboter zum Einsatz kommen.

Die am häufigsten in Fertigungssystemen eingesetzten Handhabungsgeräte lassen sich entsprechend ihrem Aufbau, ihrer Steuerungsausführung und ihrer Flexibilität einteilen in Stand- und Anbaugeräte, Portalgeräte sowie Mobile Industrieroboter /43/ (Bild 6-5). Für das Wirtschaftlichkeitssimulationssystem sind neben den technischen und wirtschaftlichen Daten vor allem die konzeptionellen Unterschiede der Handhabungsgeräte von Bedeutung. Diese sind in erster Linie in der Fähigkeit zur Mehrmaschinenbeschickung zu sehen. Während Stand- und Anbaugeräte wegen des beschränkten Arbeitsraums in der Regel nur in 1- oder 2-Maschinenzellen eingesetzt werden, können mit Portalgeräten und Mobilen Robotern /vgl. 46/ auch mehrere Maschinen in Flexiblen Fertigungssystemen beschickt werden. Der Funktionsumfang der Geräte kann dabei die Werkstück-, die Werkzeug- und die Vorrichtungshandhabung umfassen.

Die Materialflußeinrichtungen, die in diesem Kapitel abgeleitet werden, sind im Wirtschaftlichkeitssimulationssystem mit den dazugehörigen Daten in einer Datenbasis abzulegen. Zu den Kenngrößen gehört dabei insbesondere auch die Integrationsfähigkeit, so daß die Systeme vom Planer ausgewählt und in entsprechende Automatisierungskonzepte (vgl. Kap 6.3) integriert werden können.

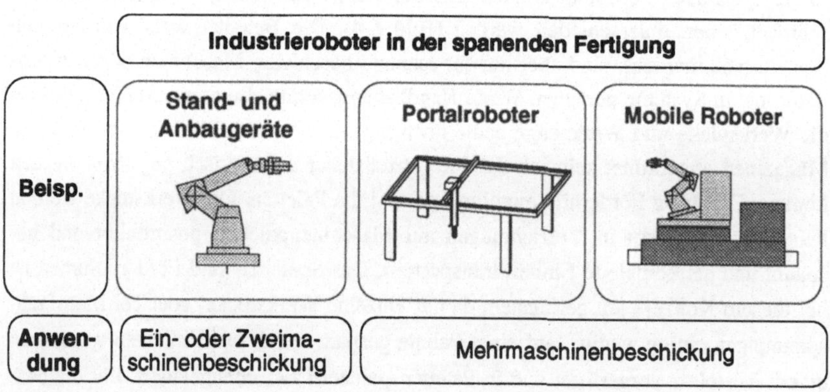

Bild 6-5:   *Einteilung der Industrieroboter für die Grobplanung*

6.2.3 Informationsflußsystem

Das Informationsflußsystem im Bereich der Fertigung umfaßt die Prozeßsteuerung und die Prozeßüberwachung. Bei der Planung von Fertigungssystemen ist zu berücksichtigen, daß insbesondere bei komplexen Systemen, Investitionen in Hard- und Software getätigt werden müssen, die zusätzlich zu den Aufwendungen für Personal anfallen. Die konzeptabhängig zusätzlichen Kostenverursacher für die Automatisierung des Informationsflusses sind im Bild 6-6 dargestellt. Dabei sind die Informationseinrichtungen vernachlässigt, die unabhängig von der Gesamtkonzeption in allen Fertigungssystemen zum Einsatz kommen können (z.B. BDE).

Bild 6-6:   *Informationsflußkomponenten für die Grobplanung*

Die Prozeßsteuerungssysteme werden im Fertigungsbereich in der Regel in 3 Ebenen hierarchisch gegliedert /12, 47/. Das können die Leit-, die Zellen-, und die Steuerungsebene sein /48/. Die Planung und Abwicklung von Fertigungsaufträgen erfolgt in der flexibel automatisierten Fertigung durch Leitsysteme. Auf Zellenebene werden die Fertigungsaufträge in einzelnen Fertigungszellen abgewickelt und deren Ablauf überwacht. Die Steuerungsebene übernimmt die operative Durchsetzung der Vorgaben an den Maschinen und Materialflußeinrichtungen /47/. Neben den erforderlichen Funktionalitäten auf Leit- u. Zellenebene kommt hinzu, daß die Maschinensteuerungen kommunikationsfähig (DNC) sein müssen, so daß auch hier gegebenenfalls Zusatzaufwendungen anfallen.

Ferner ist die Prozeßüberwachung zur Sicherung eines fehlerfreien Fertigungsablaufs insbesondere in höher automatisierten Fertigungssystemen unerläßlich. Durch die Überwachung der Maschine und des Fertigungsprozesses können Störungen früh erkannt und durch geeignete Maßnahmen die Qualität gesichert und größere Schäden an den Produktionseinrichtungen vermieden werden. Der Fertigungsprozeß kann grundsätzlich durch die Überwachung des Werkzeugs und des Werkstücks kontrolliert werden. Eine der wichtigsten Überwachungsfunktionen ist die Werkzeugbruchkontrolle mittels Bruchüberwachungssystemen. Unterstützt durch Standzeitüberwachungs- und Idendifikationssysteme kann eine umfassende Werkzeugüberwachung gewährleistet werden.

Die detaillierte Planung des Informationsflußsystems für komplexe Produktionssysteme ist ein aufwendiger Vorgang, der in dieser Arbeit nicht umfassend berücksichtigt werden kann. Hier sollen die informationsflußtechnischen Unterschiede zwischen den verschiedenen Fertigungskonzepten erfaßt und über Kostensätze in die Wirtschaftlichkeitsrechnung eingebracht werden (s. Kap. 7.4). Die technische Auslegung des Informationsflußsystems soll jedoch nicht unterstützt werden.

6.3　Planung der Automatisierung

6.3.1　Begriffe

Den Begriffen Automatisierung, Flexibilität und Produktivität kommt in der Investitionsplanung eine große Bedeutung zu. Sie sollen zunächst definiert werden.

Automatisierung und Automatisierungsgrad

Nach DIN 19233 /49/ bedeutet Automatisierung, eine Anlage mit künstlichen Systemen auszurüsten, die selbsttätig ein Programm befolgen. Wenn bei zunehmender Automatisierung die Produktivität eines Systems erhöht und gleichzeitig die Flexibilität einer Anlage beibehalten oder erhöht werden soll, spricht man von flexibler Automatisierung /50/. Der Automatisierungsgrad beschreibt den Anteil, den die automatisierten Funktionen an der Gesamtfunktion eines festgelegten Systems haben.

Flexibilität

Nach /12/ beschreibt die Flexibilität "die Fähigkeit eines Produktionssystems, innerhalb einer bestimmten Zeit für verschiedene Aufgaben einsatzfähig zu sein. Je größer die Verschiedenartigkeit dieser Aufgaben und je geringer der Umstellungsaufwand (Zeit und Kosten) bei Aufgabenwechsel ist, um so höher ist die Flexibilität". In Abhängigkeit vom Zeithorizont der Umstellung eines Produktionssystems spricht man von der kurz- und langfristigen Flexibilität. Neben dieser Unterscheidung lassen sich nach /12, 51/ noch die Produkt-, Mengen-, Anpaß- und die Erweiterungsflexibilität sowie die Fertigungsredundanz definieren.

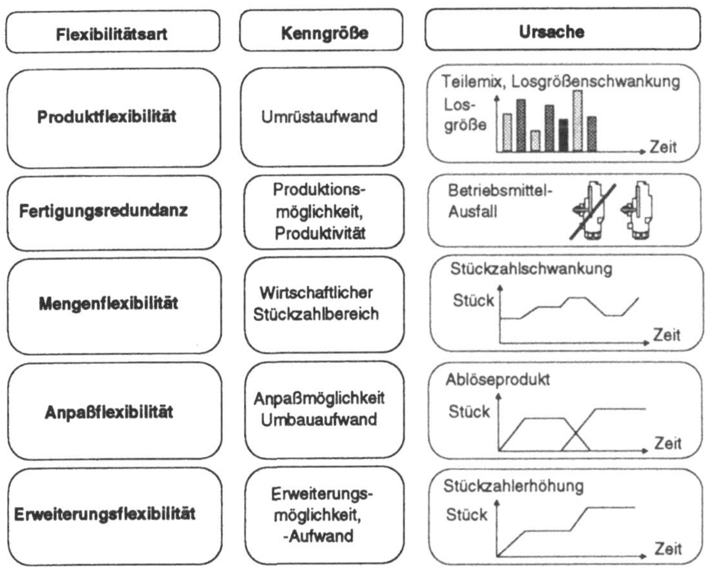

Bild 6-7:   *Flexibilitätsarten*

Die Flexibilitätsanforderungen an Fertigungssysteme werden durch wechselnde Bearbeitungsaufgaben gestellt. Im Bild 6-7 sind die Flexibilitätsarten hinsichtlich der Kenngrößen und der Aufgabenveränderungen, die sie beschreiben, gegliedert. Die Produktflexibilität gibt Aufschluß über die Fähigkeit eines Fertigungssystems, unterschiedliche Teile zu fertigen. Sie kann mit dem Umrüstaufwand quantifiziert werden.

Die Fertigungsredundanz beschreibt den Umfang der sich ersetzenden Betriebsmittel eines Systems. Die Mengenflexibilität gibt an, in welchen Leistungsbereichen ein Fertigungssystem technisch und wirtschaftlich eingesetzt werden kann. Der Umbauaufwand bei der Einführung neuer Produkte kennzeichnet die Anpaßflexibilität. Die Erweiterungsflexibilität schließlich beschreibt die Möglichkeit, ein bestehendes Fertigungssystem nachträglich durch zusätzliche Betriebsmittel zu erweitern /12/.

Produktivität

Die Produktivität wird nach /33/ definiert als "das Verhältnis von mengenmäßigem Ertrag (gemessen in Stück, kg etc.) und mengenmäßigem Einsatz von Produktionsfaktoren (gemessen in Arbeitsstunden, Betriebsmittel- und Werkstoffeinheiten)".

6.3.2 Zusammenhang zwischen Automatisierung und Flexibilität

Die Automatisierung in den Bereichen Material- und Informationsfluß kann als zentraler Einflußfaktor angesehen werden /52/, über den die Flexibilitäts- und Produktivitätseigenschaften der Fertigungssysteme in großem Maße festgelegt werden. Die Zusammenhänge zwischen der Flexibilität, der Produktivität und der Automatisierung sind im Bild 6-8 dargestellt.

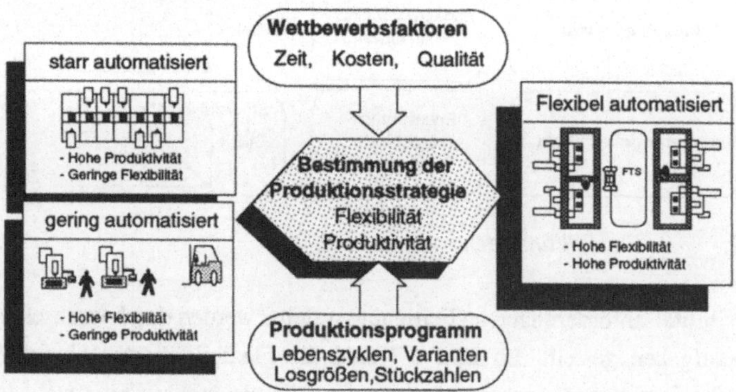

Bild 6-8:   *Einflußgrößen und Möglichkeiten bei der Bestimmung der geeigneten Produktionsstrategie /53/*

Die konventionelle Produktion mit gering automatisierten Werkzeugmaschinen ist die flexibelste Art der Fertigung, da das Personal individuell auf alle Veränderungen und Störungen reagieren kann. Der Umrüstaufwand ist in diesen Systemen aber in der Regel sehr hoch, so daß nur eine geringe Produktivität erzielt wird. Die starr automatisierten Systeme bilden das andere Extremum, das eine hohe Produktivität, aber eine geringe Flexibilität kennzeichnet. Mit den flexibel automatisierten Fertigungseinrichtungen kann sowohl eine hohe Flexibilität als auch eine hohe Produktivität erzielt werden. Der Planer steht vor der Aufgabe, in Abhängigkeit vom jeweiligen Produktionsprogramm und der allgemeinen Unternehmensziele, wie z.B. die Durchlaufzeiten oder Kosten senken, die geeignete Produktionsstrategie zu entwickeln (Bild 6-8).

Die Beziehungen und Abhängigkeiten zwischen der Flexibilität, Produktivität, Automatisierung und den daraus entstehenden Kosten sind für die technisch-wirtschaftliche Investitionsplanung sehr wichtig. Die flexible Automatisierung erfordert erhebliche Investitionen, die nach /50/ exponentiell mit der Erhöhung der Automatisierung und der Flexibilität steigen (Bild 6-9).

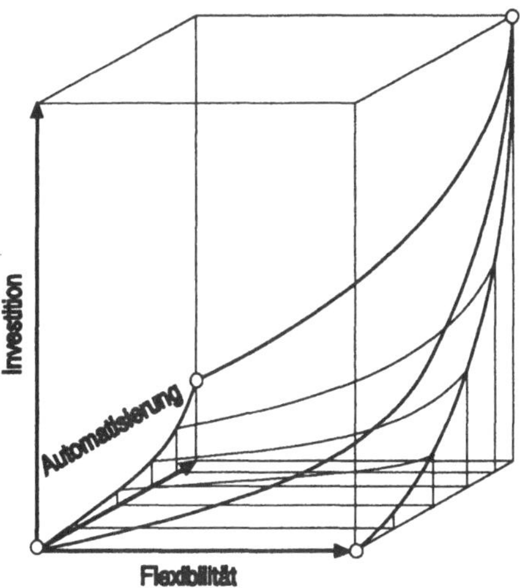

Bild 6-9: *Zusammenhang zwischen Automatisierung, Flexibilität und Investition /nach 50/*

Den stark steigenden Investitionen müssen entsprechend höhere Kosteneinsparungen an anderer Stelle gegenüberstehen, um einen wirtschaftlich automatisierten Betrieb realisieren zu können. Erschwerend kommt hinzu, daß die Komplexität bei flexibel automatisierten Systemen weit höher ist als bei weniger automatisierten und damit die Verfügbarkeit in der Regel sinkt. Nach /52/ läßt sich dieses Problem nicht allgemein lösen, sondern jedes Unternehmen muß nach seinem Anforderungsprofil an die Produktion zwischen den Zielkonflikten Produktivität-Flexibilität, Komplexität-Verfügbarkeit und Kapitaleinsatz-Nutzen ein Optimum finden.

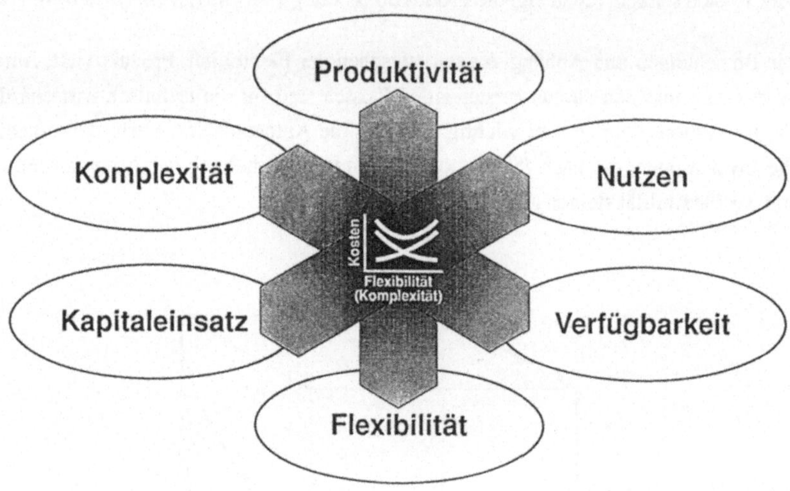

Bild 6-10:   *Dilemma der Automatisierung /52/*

6.3.3 Entwicklung der Automatisierungskonzepte

Die technischen Teilsysteme, die in Fertigungseinrichtungen zum Einsatz kommen, sollten im Hinblick auf einen optimalen Fertigungsablauf automatisierungstechnisch aufeinander abgestimmt sein. Im Wirtschaftlichkeitssimulationssystem sollen daher bei der technischen Konzeption zunächst die Automatisierung der Systeme und dann die Teilsysteme festgelegt werden, die für den gewählten Automatisierungsgrad am besten geeignet sind. Dazu werden im folgenden verschiedene Automatisierungskonzepte mit ihren möglichen Betriebsmitteln und Eigenschaften abgeleitet. Die Planungstätigkeit soll durch das Anbieten der wichtigsten Konzepte systematisiert und vereinfacht werden. Die abzuleitenden Automatisierungskonzepte bilden ferner die Grundlage für die Kapazitäts- und Wirtschaftlichkeitsrechnung (vgl. Kap.7).

In Übereinstimmung mit /6, 13, 54/ lassen sich Automatisierungskonzepte von Fertigungssystemen definieren, die sich durch die Funktionalitäten und durch das Zusammenspiel zwischen dem Bearbeitungs-, dem Materialfluß- und dem Informationsflußsystem unterscheiden. Die Ausführungsformen von Fertigungssystemen sind unverkettete Systeme aus CNC-Maschinen, Bearbeitungszentren oder Flexible Fertigungszellen und die verketteten Flexiblen Fertigungssysteme und Sondermaschinen /vgl 12, 55/. Die handgesteuerten Maschinen sollen hier nicht betrachtet werden. Der Automatisierungsgrad kann neben anderen Kenngrößen als ein Gliederungskriterium dieser Systeme herangezogen werden (Bild 6-11).

Im folgenden sollen die konzeptionellen Unterschiede der Systeme hinsichtlich der automatisierten Funktionen herausgearbeitet werden. Die Automatisierungskonzepte sind dabei als Gerüste zu sehen, die aussagen, welche Funktionen eines Fertigungssystems wie und in welchem Umfang automatisiert sind und damit die Grundlage für die Modellbildung im Rahmen der Wirtschaftlichkeitssimulation bilden. Die Automatisierungsschemata können dann im Rahmen der Konzeption mit beliebigen Betriebsmitteln zu Fertigungssystemen ausgebaut werden, sofern diese die technischen Anforderungen des Automatisierungskonzepts erfüllen. Die automatisierten Funktionen der Konzepte und die jeweils einsetzbaren Automatisierungseinrichtungen werden im folgenden abgeleitet.

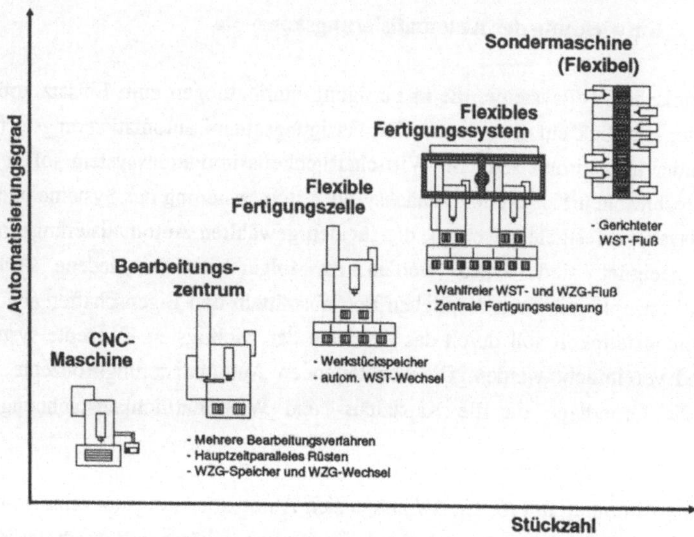

Bild 6-11:   *Einteilung der Fertigungskonzepte nach dem Automatisierungsgrad*

Im Bild 6-12 sind die Automatisierungskonzepte für unverkettete Systeme dargestellt. Die manuell bediente CNC-Maschine ist die Grundlage aller Automatisierungsmaßnahmen. Beim Einsatz von Bearbeitungszentren (BAZ) kann gegenüber konventionellen CNC-Maschinen durch die Parallelschaltung von Haupt- und Rüstzeiten sowie der Automatisierung von Nebentätigkeiten erheblich die Produktivität gesteigert werden. Ein zweiter Maschinentisch ermöglicht das hauptzeitparallele Beschicken einer zweiten Spannvorrichtung. Ferner kann durch den Einsatz von Werkzeugspeichern und automatischem Werkzeugwechsel ein automatisierter Bearbeitungsablauf erzielt werden. Durch die Integration mehrerer Bearbeitungsverfahren lassen sich bei vielen Teilen die Zahl der Arbeitsfolgen und damit die Durchlaufzeiten senken. Als Werkstückspeicher werden Behälter eingesetzt.

Eine Flexible Fertigungszelle (FFZ) ist ein einstufiges Produktionssystem, das mit automatisierten Materialfluß- und Informationsflußeinrichtungen für Werkstück- und Werkzeugwechsel und deren Bereitstellung ausgerüstet ist, so daß unterschiedliche Werkstücke automatisch bearbeitet werden können. Der Werkstückwechsel kann durch Palettenspeicher oder Industrieroboter erfolgen. Beim Einsatz von Palettenspei-

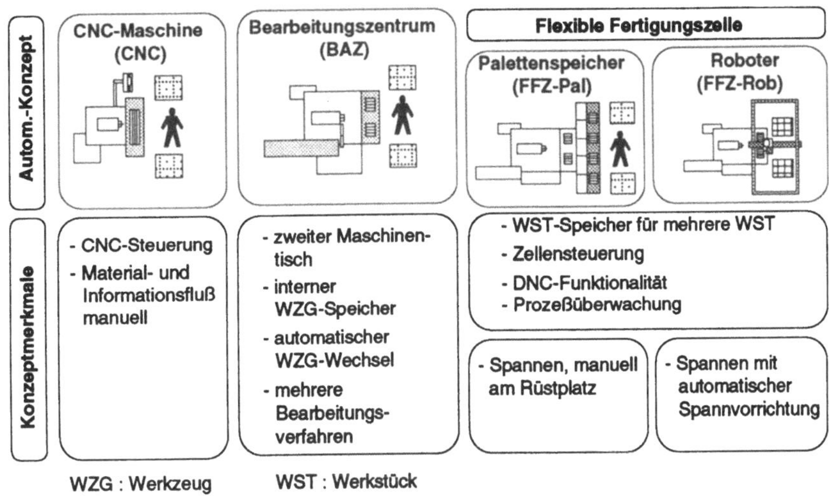

Bild 6-12:   *Automatisierungskonzepte für unverkettete Systeme*

chern werden die Teile auf Maschinenpaletten vorgerüstet, die Industrieroboter dagegen legen die Teile direkt von den Werkstückmagazinen in die automatischen Spannvorrichtungen ein. Die zelleninterne Koordination der Abläufe übernimmt eine Zellensteuerung. In der Regel ist ein DNC-Anschluß vorhanden. Flexible Fertigungszellen sind durch den größeren Werkstückvorrat in der Lage über längere Zeit, zum Beispiel in einer 3. Schicht oder in Pausen, autonom zu arbeiten und damit eine hohe Produktivität zu erzielen. Dadurch kann sich der Bediener vom Takt der Maschine lösen. Der autonome Betrieb erfordert weitere Automatisierungsmaßnahmen im Bereich der Prozeßüberwachung, wie Werkzeugbruchkontrolle, Standzeitüberwachung der Werkzeuge, Reinigungsfunktionen oder Prüffunktionen /12/. Die zellenübergreifenden Fördersysteme sind bei allen unverketteten Systemen manuell bedient.

Die Flexiblen Fertigungssysteme (FFS) bestehen aus ein- oder mehrstufig verketteten Einzelmaschinen /vgl. 12, 15, 51, 56/. Allen FFS-Konzepten ist der automatische Werkstück- und Werkzeugtausch sowie eine übergeordnete Steuerung gemeinsam. Für die Anforderungen seitens der Kapazitäts- und Kostenrechnung lassen sich 3 unterschiedliche Konzepte erkennen (Bild 6-13). Die Außenverkettung wird am häufigsten über Schienenfahrzeuge oder FTS in Verbindung mit Palettenspeichern realisiert. Bei diesem Konzept sind zusätzliche Handhabungsgeräte zum automatischen Werkzeugtausch erforderlich, die meist mit einem gemeinsamen externen Werkzeugmagazin hinter den Maschinen angeordnet sind. Andere Konzepte von Flexiblen Fertigungssystemen realisieren den externen Werkzeugtausch über das gleiche Fahrzeug und den gleichen Palettenspeicher wie auch den Werkstücktausch. Dabei sind die maschineninternen Werkzeugmagazine in austausch- und transportierbare Kassetten unterteilt. Bei größeren Losen kann die automatische Handhabung der Werkstücke und die Vorrichtungsbeschickung mit Industrierobotern interessant sein. Bei diesem Konzept kann ein Roboter die Werkstücke mit oder ohne Vorrichtung sowie die Werkzeuge austauschen.

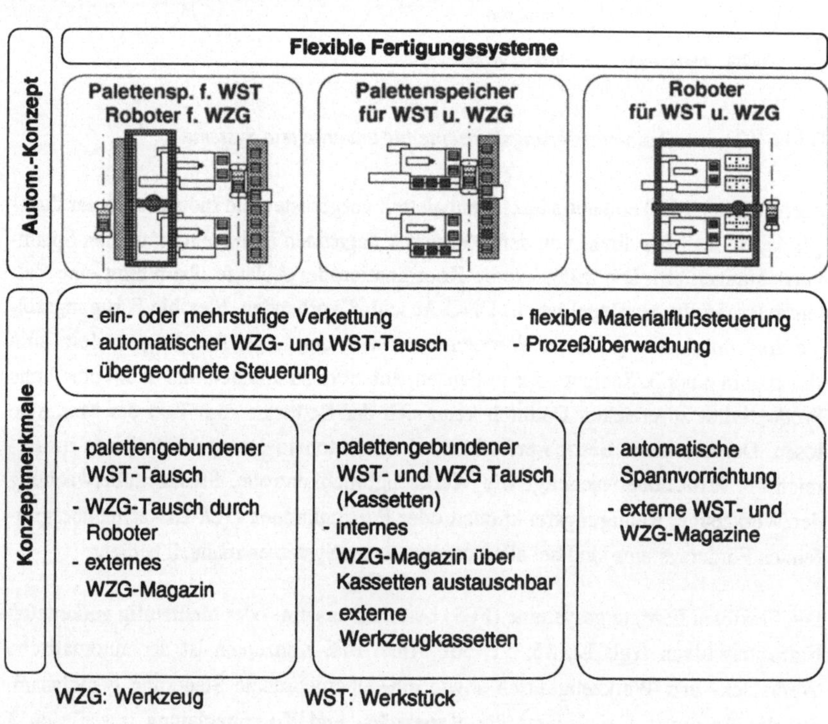

Bild 6-13:   *Automatisierungskonzepte für Flexible Fertigungssysteme*

Durch die Verkettung mehrerer Maschinen läßt sich die Komplettbearbeitung von Werkstücken mit geringen Durchlaufzeiten realisieren. Die informationstechnische Integration und übergeordnete Steuerung der Komponenten ermöglicht ferner die parallele Fertigung unterschiedlicher Teile eines begrenzten Teilespektrums, da auf Rohteile, NC-Programme und Spannmittel wahlfrei zugegriffen werden kann. Damit wird eine hohe Produktivität bei gleichzeitiger Flexibilität erreicht. Die Betriebsmittelverwaltung spielt in Flexiblen Fertigungssystemen eine wichtige Rolle. Kurze Umrüst- und Liegezeiten sind nur realisierbar, wenn die für einen Auftrag erforderlichen Werkzeuge und Vorrichtungen bereitgestellt und schnell zur Maschine gebracht werden können.

Die mehrstufigen Sondermaschinen lassen sich für die Anforderungen der Grobplanung in Transferstraßen mit freiem oder palettengebundenem Werkstücktransfer und Rundtaktmaschinen einteilen (Bild 6-14). Allen Konzepten ist gemeinsam, daß die Bearbeitungsstationen durch ein automatisiertes Materialflußsystem nach dem Fluß-

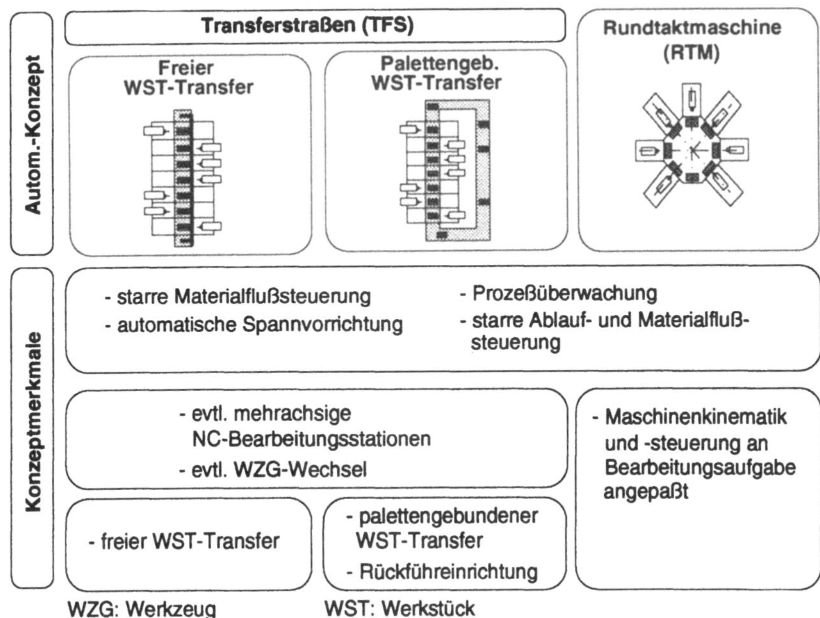

Bild 6-14:   *Automatisierungskonzepte für Sondermaschinen*

prinzip mit einer entsprechenden Steuerung verknüpft sind. Die Materialflußsteuerung ist starr, d.h. die Werkstücke durchlaufen die Stationen immer nach dem gleichen Pfad /12/. Die Bearbeitungsstationen sind in Transferstraßen und Rundtaktmaschinen stark auf eine bestimmte Fertigungsaufgabe angepaßt, das heißt die Kinematik und der Steuerungsumfang der einzelnen Stationen beschränkt sich auf das notwendigste. Dadurch entstehen hochproduktive kostengünstige Maschinen für ein begrenztes Teilespektrum, die sich allerdings kaum an veränderte Bearbeitungsaufgaben anpassen lassen. Die Flexiblen Fertigungsstraßen unterscheiden sich von den starren Konzepten im wesentlichen durch den Einsatz CNC-gesteuerter mehrachsiger Bearbeitungsstationen, die durch Umprogrammierung einfacher an geänderte Bearbeitungsaufgaben angepaßt werden können.

Im Gegensatz zu den FFS herrscht in Sondermaschinen eine hohe Arbeitsteiligkeit, die eine Parallelschaltung der Haupt- und Nebenzeiten und damit eine weitere Erhöhung der Produktivität zum Ziel hat. Die Sondermaschinen bieten die größte Produktivität, sind aber durch den gerichteten und getakteten Werkstückfluß nur für ein überschaubares Teilespektrum mit ähnlichen Arbeitsvorgangsfolgen und für große Losgrößen geeignet.

6.4 Planung der Arbeitsorganisation

Bei der Auslegung von Fertigungssystemen spielt die arbeitsorganisatorische Gestaltung eine wesentliche Rolle. Die organisatorische Gestaltung einer Teilefertigung hängt eng mit der automatisierungstechnischen zusammen und kann u. a. einen bedeutenden Einfluß auf die Produktivität, die Flexibilität, die Durchlaufzeiten und damit die entstehenden Kosten ausüben.

Arbeitsorganisation

Die Arbeitsorganisation gliedert sich nach /12/ in die Aufbau- und die Ablauforganisation. Nach /33/ "erstreckt sich die Aufbauorganisation auf die Verknüpfung der organisatorischen Grundelemente zu einer organisatorischen Struktur und auf den Bezugszusammenhang zwischen den Elementen". Im Rahmen des Grobplanungssystems sind dabei nur die Elemente auf Werkstattebene von Bedeutung, da diesen bei der Planung bestimmte Funktionen zugeordnet werden müssen (z.B. Dreherei). "Bei der Ablauforganisation handelt es sich demgegenüber um die Ordnung von Handlungsvorgängen"/33/.

Als organisatorisches Gliederungskriterium wird häufig das Fertigungsprinzip herangezogen. Die drei wichtigsten Fertigungsprinzipien sind die Werkstätten-, Gruppen- und Fließfertigung /15/. Die Fertigungsinsel ist eine Sonderform der Gruppenfertigung. Ferner werden in Abhängigkeit von den möglichen Arbeitsaufgaben und ihrer Verteilung auf die einzelnen Betriebsmittel einstufige, mehrstufige und kombinierte Fertigungssysteme unterschieden /12, 15/. In einstufigen Fertigungssystemen werden die Teile auf einer Arbeitsstation komplettbearbeitet, in mehrstufigen Systemen sind dazu mehrere Stationen erforderlich /12/.

Diese Gliederungskriterien müssen im Wirtschaftlichkeitssimulationssystem abbildbar sein. Ferner ist der Bezug zwischen der Arbeitsorganisation sowie der Automatisierung und den eingesetzten Betriebsmitteln herzustellen. In diesem Kapitel sollen daher Organisationsstrukturen für Fertigungssysteme definiert werden, mit denen die zeitlichen sowie technisch-organisatorischen Problemstellungen der Investitionsplanung in einem rechnergestützten Planungssystem abgebildet werden können. Dabei sind die nachfolgend erläuterten Aspekte zu beachten.

Im Rahmen des Wirtschaftlichkeitssimulationssystems sollen dem Planer die Möglichkeiten zur Gestaltung der Organisation dargelegt werden. Bei der Planung der Arbeitsorganisation muß der Planer organisatorische Grundelemente festlegen und diesen Aufgaben und damit auch Betriebsmittel zuordnen. Der Planer hat zu entscheiden, in welchen organisatorischen Einheiten und auf welchen Maschinen die Teile bearbeitet werden. Dadurch entsteht ein enger Zusammenhang zwischen der Bestimmung des Bearbeitungssystems, der Automatisierung und der Arbeitsorganisation. Hinzu kommt, daß bei der Zielsetzung der vorliegenden Arbeit alle Faktoren zeitabhängig sind.

Um den Aufwand bei der Kostenmodellierung (Kap. 7) gering zu halten, sollten sich die im Planungssystem abzubildenden Organisationsstrukturen an den Automatisierungskonzepten orientieren (vgl. 6.3.3), da für diese unabhängig vom Maschinentyp einheitliche Kostenmodelle eingesetzt werden können. Ferner ist die Zahl der organisatorischen Schnittstellen von Bedeutung, die ein Werkstück bei der Auftragsabwicklung durchläuft. Das ist dadurch zu begründen, daß die Übergangszeiten der Teile mit jeder Überschreitung einer organisatorischen Schnittstelle erfahrungsgemäß ansteigen und dadurch zusätzliche Kosten entstehen (gebundenes Kapital im Umlaufvermögen). Diese Schnittstellen sollten im Planungssystem abgebildet werden können, da sie in verschiedenen Fertigungskonzepten wirtschaftliche Unterschiede ausmachen können. Der Unterschied wird deutlich am Beispiel der Komplettbearbeitung in Flexiblen Fertigungssystemen gegenüber der konventionellen Werkstättenfertigung, bei der die Teile in der Regel mehrere organisatorische Einheiten (z.B. Dreherei, Fräserei) bei der Auftragsbearbeitung durchlaufen müssen.

Im Wirtschaftlichkeitssimulationssystem soll eine hierarchische Strukturierung der Fertigung nach automatisierungstechnischen und organisatorischen Gesichtspunkten eingeführt werden (Bild 6-15), die den oben beschriebenen Anforderungen gerecht wird. Der Struktur liegt zugrunde, daß ein Teil während des Auftragsdurchlaufs mehrere Maschinen, die verschiedene Automatisierungskonzepte haben können, durchlaufen kann. Die Maschinen mit dem gleichen Automatisierungskonzept stellen dabei gemäß der Definition in Bild 6-15 eine Grundeinheit dar. Die Grundeinheiten, die aus unterschiedlichen Maschinen bestehen können, aber eine homogene Automatisierungsstruktur aufweisen (z.B. Drehzellen und Fräszellen), sollen als Automatisierungseinheiten bezeichnet werden.

Die Automatisierungseinheiten, die zur Bearbeitung eines bestimmten Teilespektrums erforderlich sind, bilden zusammen eine Organisationseinheit. Ein Fertigungssystem kann sich letztendlich aus einer oder mehreren unterschiedlichen Organisationseinheiten zusammensetzen. Eine Meisterei "Drehen" bildet beispielsweise in der Regel eine Organisationseinheit, weil dort Drehmaschinen unterschiedlichen Automatisierungsgrads eingesetzt werden.

Mit diesen Strukturen lassen sich im wesentlichen zwei Ziele erreichen. Zum einen wird eine schnelle und für den Planer übersichtliche Wirtschaftlichkeitssimulation möglich, da für die Maschinen innerhalb einer Automatisierungseinheit das gleiche Kostenmodell herangezogen werden kann (vgl. Kap. 7). Der Aufwand für die Kostenmodellierung ist damit deutlich geringer, als wenn das Kostenmodell für jede Maschine einzeln definiert werden müßte. Zum anderen lassen sich die durch unterschiedliche organisatorische Schnittstellen anfallenden Liegezeiten und Kosten abbilden, da die Übergänge zwischen den Maschinen, Automatisierungs- und Organisationseinheiten mit differenzierten Liegezeiten versehen werden können (vgl. kap. 7.4).

Mit Hilfe dieser Strukturen lassen sich alle Problemstellungen der zeitlichen und technisch-organisatorischen Konzeption und wirtschaftlichen Bewertung von Fertigungssystemen in einem rechnergestützten Planungssystem abbilden.

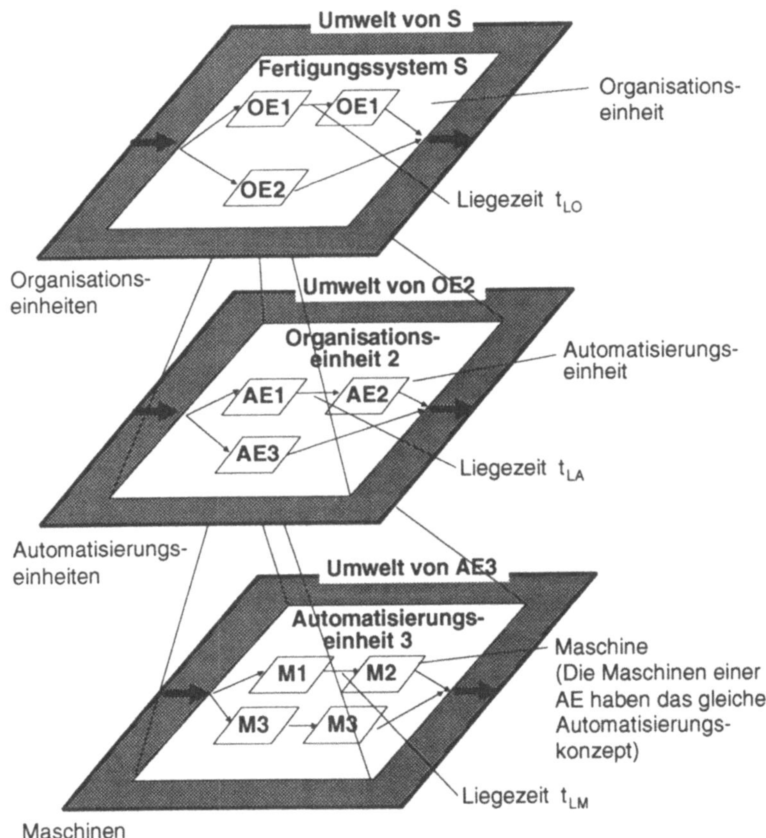

Bild 6-15:   *Hierarchische Gliederung der Fertigung*

6.5 Bestimmung der Investitionsstrategie

In den bisherigen Betrachtungen zur Konzeption von Fertigungssystemen in Kap.6 wurde der Zeitaspekt in der Planung nur durch die Definition der Teilelebenszyklen berücksichtigt. Die zeitabhängige Mengenstruktur der Teile kann aber auch Fragen nach dem Investitionszeitpunkt aufwerfen.

Die Markteinführung eines neuen Produktes ist mit einer Anlaufphase verbunden, in der die Stückzahlen langsam hochgefahren werden. Wenn diese Anlaufphase ausgeprägt lang ist oder erst zu einem späteren Zeitpunkt ein größerer Absatz realisiert werden kann, müssen Überlegungen angestellt werden, ob es wirtschaftlicher ist, die langfristig erforderlichen Kapazitäten sofort bereitzustellen oder allmählich mit dem Bedarf auszubauen. Diese Problemstellungen sind insbesondere bei verketteten Systemen zu betrachten, die nicht ohne weiteres ausgebaut werden können. Diese Problematik soll im folgenden am Beispiel eines zusätzlichen Kapazitätsbedarfs eines Fertigungssystems durch ein zu einem späteren Zeitpunkt eingeführtes Produkt betrachtet werden (Bild 6-16).

Es ergeben sich vier Investitionsstrategien, die für die Grobplanung von Bedeutung sind. Eine Strategie ist, alle Investitionen zu einem Zeitpunkt durchzuführen und die Systeme auf den langfristigen Bedarf auszulegen. Das hat den Vorteil, daß mit der eingesetzten Technologie langsam Erfahrungen gewonnen werden können, solange die Kapazitäten noch nicht voll ausgeschöpft sind. Es werden allerdings Investitionen getätigt, die eigentlich erst später erforderlich sind, wodurch vermeidbare Kapitalkosten anfallen.

Diese Nachteile lassen sich auffangen, wenn die Investitionen ausgehend von einer Anfangsinvestition stufenweise in Form von späteren Erweiterungen oder Umbauten durchgeführt werden. Dann muß das System allerdings technisch so flexibel sein, daß es erweitert werden kann (z.B. unverkettete Maschinen), oder die Erweiterung muß von Anfang an technisch geplant werden (z.B. bei Transferstraßen).

Eine andere Möglichkeit ist, das Fertigungssystem durch zusätzliche Systeme zu ergänzen. Wenn in eine Transferstraße investiert wurde, kann beispielsweise eine zweite angeschafft oder die bestehende durch Einzelmaschinen ergänzt werden.

Die 4. Strategie sieht für die Anlaufphase ein kleineres Fertigungssystem vor, das bei größerer Nachfrage durch ein System mit hoher Kapazität ersetzt wird. Diese Lösung ist möglich, wenn die anfänglichen Fertigungseinrichtungen vielleicht schon vorhanden sind oder aber später an anderer Stelle eingesetzt werden können. Der Nachteil dieser Lösung ist, daß mit dem späteren Serienfertigungssystem während der Produktanlaufphase oder Vorserie keine oder nur bedingt übertragbare Technologieerfahrungen gemacht werden können. Ein typisches Beispiel sind die Anlaufschwierigkeiten beim Übergang vom Prototypen- und Vorserienbau zum Serienbau in der Automobilindustrie.

Die Entscheidung zugunsten einer Investitionsstrategie kann nur auf Grund einer Wirtschaftlichkeitsbetrachtung fallen, die die gesamte Nutzungsdauer eines Fertigungssystems mit allen Erweiterungsinvestitionen einbezieht. Diese Betrachtungen sind mit Hilfe der Wirtschaftlichkeitssimulation durchzuführen.

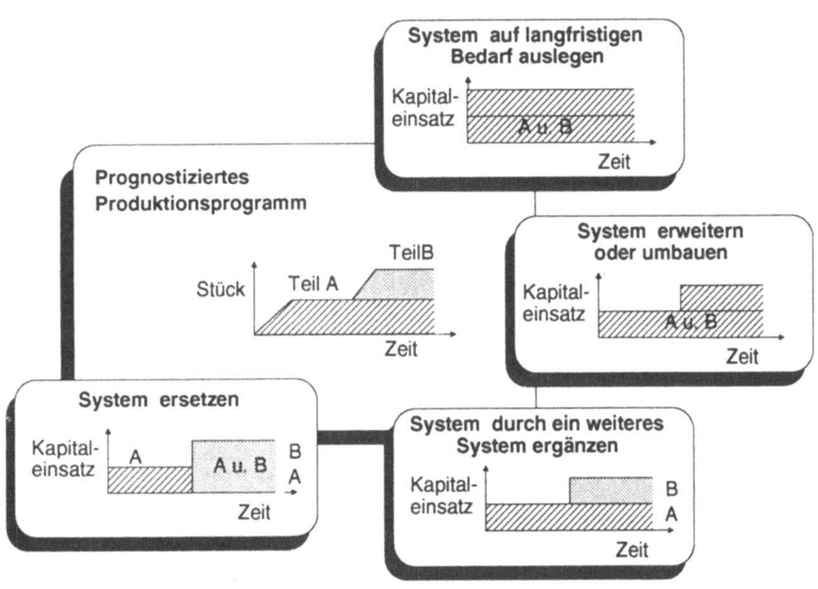

Bild 6-16:   *Investitionsstrategien bei zeitabhängigen Aufgabenveränderungen*

6.6   Technisch-organisatorische Gesamtkonzeption

In diesem Kapitel sollen die Zusammenhänge zwischen den einzelnen Planungsinhalten der technisch-organisatorischen Gesamtkonzeption dargestellt werden (Bild 6-17), die in den Kapiteln 6.1 bis 6.5 bereits im Detail behandelt wurden.

Ein Ziel der Wirtschaftlichkeitssimulation ist die möglichst effiziente Durchführung des Konzeptionsprozesses. Das soll dadurch erreicht werden, daß dem Planer die Aufgaben und alternativen Lösungen strukturiert vom System vermittelt werden, so daß die systematische Konzepterarbeitung einfacher möglich wird (vgl. Kap. 1.2 und 4.). Das Planungssystem soll sowohl die Daten der Informationen, die dem Planer vom System angeboten werden, als auch die Daten der zu erarbeitenden Lösungen aufbereiten.

Im Rahmen der Konzeption werden die Strukturen der Fertigungssysteme festgelegt. (Der quantitative Bedarf der Produktionsfaktoren soll erst in der Bewertung ermittelt werden (vgl. Kap. 7)). Die Strukturen werden mit allen Informationen in Datenmodellen abgebildet, in denen sich Automatisierungs- und Organisationseinheiten zu Fertigungssystemen zusammenfügen (vgl Kap. 6.4). Die Strukturen werden dabei durch Angaben zur Investitionsstrategie, zur Arbeitsorganisation, zum Automatisierungskonzept sowie zu den technischen Teilsystemen definiert.

Das Teilespektrum für das jeweils zu planende Fertigungssystem bildet die Grundlage für den Konzeptionsprozeß. An Hand der Lebenszyklen (vgl. Kap. 5.3) kann der Planer entscheiden, zu welchen Zeitpunkten in bestimmte Betriebsmittel investiert werden soll, und kann damit alternative Investitionsstrategien entwickeln (vgl. Kap. 6.5).

In den Arbeitsplänen des Teilespektrums sind die einzusetzenden Maschinen und Vorgabezeiten sowie der Ablauf der Fertigung festgelegt. Durch Zuordnung einzelner Arbeitsfolgen und Maschinen zu Automatisierungseinheiten und damit den darüber liegenden Strukturen kann die Arbeitsorganisation festgelegt werden.

Gemäß den Erläuterungen in Kap. 6.5 sollen die Maschinen innerhalb einer Automatisierungseinheit ein durchgängiges Automatisierungskonzept aufweisen. Das Automatisierungskonzept kann der Planer aus den ihm vom System angebotenen Lösungen auswählen und zuordnen.

Die Bestimmung der Strukturen wird ergänzt durch die Festlegung der technischen Teilsysteme im Bereich des Material- und Informationsflusses. Die Betriebsmittel müssen dabei in Verbindung mit dem gewählten Automatisierungskonzept einsetzbar sein. Auch bei dieser Planungsaufgabe sollen dem Planer die potentiellen Lösungen mit allen Einsatzmöglichkeiten und Lösungen angeboten werden, so daß er komfortabel und schnell arbeiten kann.

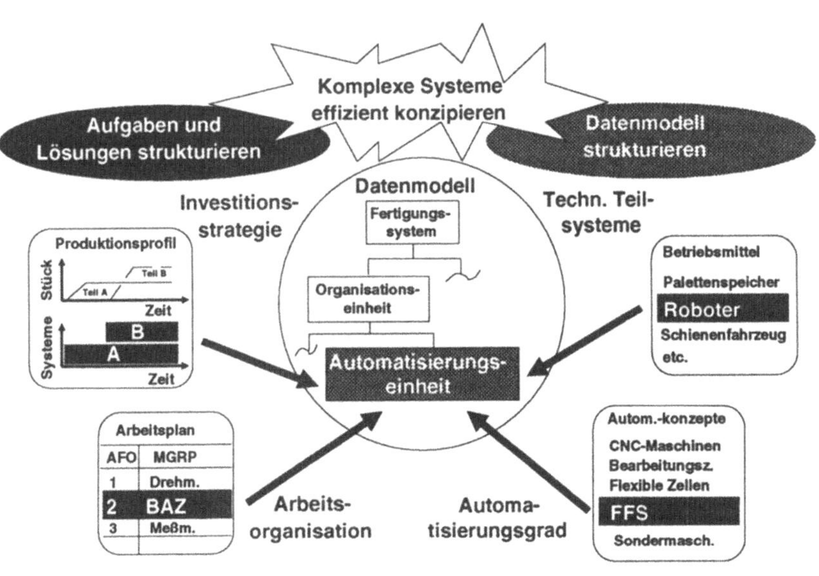

Bild 6-17: *Technisch-organisatorische Gesamtkonzeption von Fertigungssystemen*

Im Bild 6-18 ist ein Konzeptionsbeispiel dargestellt. Ab Januar 1990 (1/90) sollen zwei verschiedene Teile gefertigt werden. Von Teil 1 wird zunächst der Arbeitsplan AP1.1 mit sechs Arbeitsfolgen ausgewählt. Die Arbeitsfolgen 1 bis 4 sollen beispielsweise auf Bearbeitungszentren gefertigt werden, die Arbeitsfolgen 5 und 6 auf unverketteten Lehrenbohrwerken. Da die beiden Maschinengruppen ein unterschiedliches Automatisierungskonzept aufweisen, müssen sie auch unterschiedlichen Automatisierungseinheiten zugeordnet werden. Den Lehrenbohrwerken wird das Automatisierungskonzept "CNC" zugewiesen.

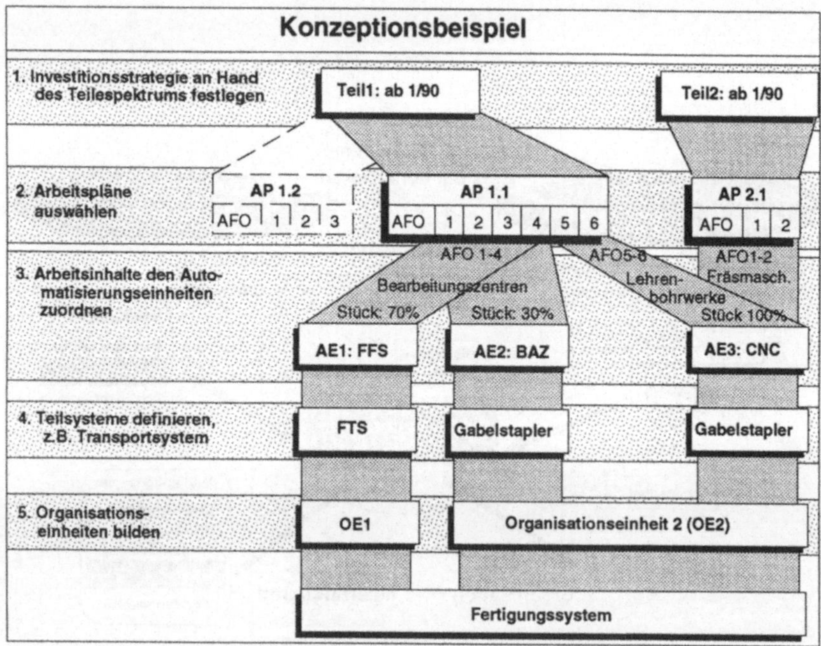

Bild 6-18:   *Beispiel zur technisch-organisatorischen Gesamtkonzeption*

Im Beispiel sollen ferner die Stückzahlen der Arbeitsfolgen 1 bis 4 zu 70% auf FFS und zu 30% auf unverketteten Bearbeitungszentren gefertigt werden. Dadurch wird eine weitere Aufteilung in Automatisierungseinheiten erforderlich (FFS und BAZ). Diese Aufteilung muß einfach möglich sein, wenn z.B. große Aufträge auf einem automatisierten System und kleinere Aufträge auf manuell bedienten Maschinen bearbeitet werden sollen.

Im Rahmen der Teilsystemdefinitionen wird dem Flexiblen Fertigungssystem als Transportsystem beispielsweise ein FTS zugeordnet. Zwischen den unverketteten Systemen erfolgt der Transport manuell mit Gabelstaplern. Die übrigen Teilsysteme, wie Handhabungs- und Speichersysteme, werden ebenfalls an dieser Stelle definiert.

Es soll angenommen werden, daß die unverketteten Bohr-/Fräsmaschinen und das FFS organisatorisch je einer eigenen Meisterei zugeordnet werden (OE1 und OE2). Diese Struktur kann abgebildet werden indem die jeweilig definierten Automatisierungseinheiten je einer Organisationseinheit zugeordnet werden. Die Organisationseinheiten ergeben letztendlich das Fertigungssystem zur Bearbeitung des definierten Teilespektrums.

7. Bewertung mit Wirtschaftlichkeitssimulation

7.1 Grundlagen der Wirtschaftlichkeitssimulation

Die Wirtschaftlichkeitssimulation soll Ergebnisse über die relative Wirtschaftlichkeit der Konzeptalternativen liefern. Im Rahmen der Simulationsläufe sind an Hand der Eingangsgrößen Rechnungen durchzuführen, die über entsprechende Modelle erfolgen. Im Bild 7-1 ist die Struktur eines Simulationsmodells mit den Ein- und Ausgangsdaten dargestellt.

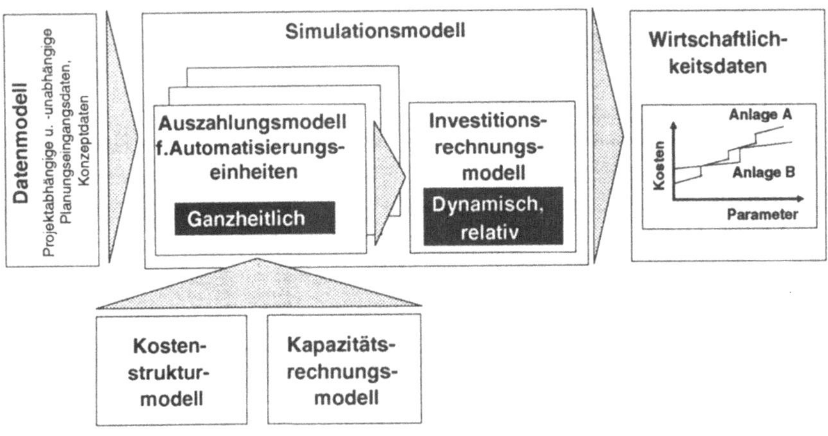

Bild 7-1: *Simulationsmodell mit den Ein- und Ausgangsgrößen*

Die Eingangsgrößen der Simulation sind die dynamischen Planungseingangs- und die Konzeptdaten. Sie werden in der Definitions- und der Konzeptphase in einem Datenmodell abgebildet (vgl. Kap. 5 und Kap. 6.6). Zu den Planungseingangsdaten gehören die Arbeitspläne, Teiledaten und Produktlebenskurven. Diese Daten werden im folgenden als (planungs-) projektabhängige Daten bezeichnet. Für die Wirtschaftlichkeitssimulation sind noch weitere Daten erforderlich, z.B. Maschinenkenndaten oder

Kostensätze, die als projektunabhängige Daten bezeichnet werden sollen. Diese können in der Datenbasis des Planungssystems als Stammdaten abgelegt und bei einem neuen Projekt wieder herangezogen werden. Mit den Konzeptdaten legt der Planer die qualitative Konfiguration der Fertigungssysteme fest. Die Ermittlung des quantitativen Bedarfs soll im Rahmen der Simulationen erfolgen.

Ein Fertigungssystem setzt sich nach Kap. 6.4 aus Automatisierungseinheiten mit den dazugehörigen Automatisierungskonzepten zusammen. Jedes Automatisierungskonzept nach Kap. 6.3.3 soll im Planungssystem mit einem Auszahlungs- bzw. Kostenmodell verknüpft sein, über das der quantitative Produktionsfaktorenbedarf und daraus die Auszahlungsreihen bzw. Kosten errechnet werden. (Die Betriebswirtschaftslehre unterscheidet zwischen den Begriffen Kosten und Auszahlungen (siehe Kap 7.5.1). Hier sollen unter Kosten die tatsächlich in einer Rechnungsperiode anzusetzenden Investitionen und Betriebskosten verstanden werden, so daß sich synonym aus den Kosten die Auszahlungen einer Periode ergeben, die in die Investitionsrechnung eingehen.)

Die Kostenmodelle sollen die Funktion erfüllen, ausgehend von den Planungseingangsdaten und den Fertigungskonzepten, die mit der Anschaffung und dem Betrieb von Fertigungssystemen verbundenen Kosten ganzheitlich zu ermitteln. Bei der Kostenermittlung sind dabei nach /27, 28, 57/ Verfahren einzusetzen, die Aussagen über die Kostenverantwortung einzelner Systemkomponenten zulassen. In /28/ wird eine funktional-differenzierte Kostenrechnung vorgestellt, mit der die Stückkosten in flexiblen Fertigungseinrichtungen differenziert ermittelt werden können. Mit /57/ liegt ein Rechnungsverfahren für den Planungsbereich vor, das ähnliche Rechnungsmethoden einsetzt. Beide Methoden beruhen darauf, entstehende Kosten verursachungsgerecht über die Multiplikation von Kostensätzen und Bezugsgrößen zu ermitteln.

Die verursachungsgerechte Rechnung über Bezugsgrößen soll im Wirtschaftlichkeitssimulationssystem eingesetzt werden. Dadurch sind zunächst Kapazitätsrechnungen erforderlich, die den Bedarf der Produktionsfaktoren an Hand der Fertigungsaufgaben und der gewählten Fertigungskonzepte ermitteln und in Bezugsgrößen ausdrücken. Die anschließenden Kostenrechnungen bauen auf den Kapazitätsrechnungen auf, indem der ermittelte Bedarf mit entsprechenden Kostensätzen verknüpft wird. Dazu sind die Kostenmodelle in Kapazitätsrechnungs- und Kostenstrukturmodelle zu gliedern, die in den nachfolgenden Kapiteln abgeleitet werden.

Mit dem dynamischen Investitionsrechnungsmodell werden auf Basis der errechneten Auszahlungsreihen die Wirtschaftlichkeitsdaten errechnet. Mit einem gängigen dynamischen Verfahren, wie der Kapitalwertmethode, müssen dazu die mit den Produkten erzielbaren Erlöse bestimmbar sein, was in der Praxis häufig schwierig ist. Im Wirtschaftlichkeitssimulationssystem soll daher eine relative Investitionsrechnung nach /27/ durchgeführt werden, bei der die Einzahlungsreihen zu vergleichender Systeme relativ zueinander ermittelt werden (vgl. Kap. 7.5.2). Diese relativen Daten lassen sich einfacher als die absoluten bestimmen, und fließen dann über die Planungseingangsdaten in die Investitionsrechnung ein.

Die Wirtschaftlichkeitsdaten sind die Ausgangsgrößen der Simulation. Sie sollen die relative Wirtschaftlichkeit der Fertigungssysteme unter Berücksichtigung der Unsicherheit der Rechnungsparameter aufzeigen. Dazu ist es erforderlich, die Einflüsse der Planungseingangs- und der Konzeptdaten auf die Wirtschaftlichkeit der Systeme aufzuzeigen und transparent zu machen. Die Grundlagen dafür werden in Kap. 7.6 erarbeitet.

7.2   Definition der Bilanzgrenzen durch das Kostenstrukturmodell

Die Bewertungsverfahren zur Beurteilung von Fertigungssystemen sollten den Systemcharakter hochautomatisierter Fertigungseinrichtungen berücksichtigen /36, 61/ (vgl. Kap. 3.1.2). Dabei ist es wichtig, die Bilanzgrenzen mit den anfallenden Kosten und Einzahlungen so zu wählen, daß alle vergleichsrelevanten Einflußfaktoren berücksichtigt werden.

Im Wirtschaftlichkeitssimulationssystem soll ein Kostenmodell mit erweiterten Systemgrenzen eingesetzt werden, wobei als Grundlage die Arbeiten von /5, 35, 57, 58/ herangezogen werden sollen. In /5/ wird ein 3-Ebenen-Modell zur Kostenmodellierung vorgeschlagen, das im Detaillierungsgrad an die Grobplanung angepaßt ist. Es gliedert sich in die Kostenfaktoren des Anlagen- und des Unternehmensbereichs sowie des Unternehmensumfelds.

Die Struktur des universellen Kostenmodells nach /5/ soll unter Einbezug der Arbeiten von /35, 57, 58/ für die Fragestellungen der Wirtschaftlichkeitssimulation heran-

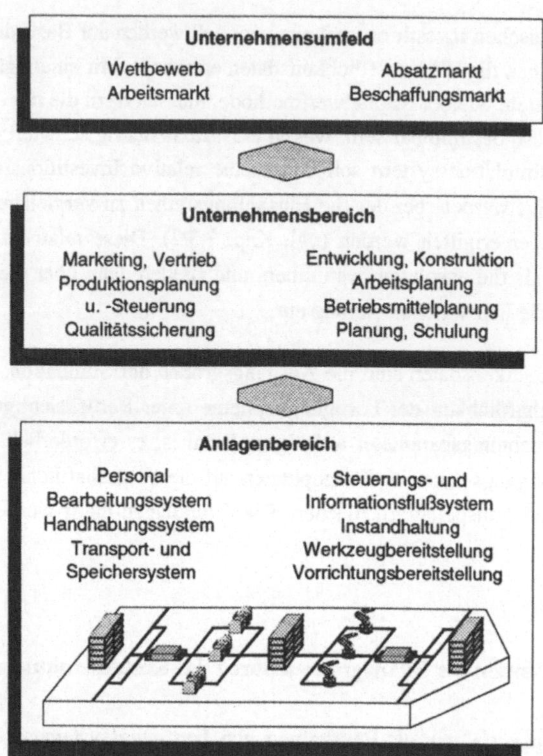

Bild 7-2:   *Allgemeines Kostenstrukturmodell in Anlehnung an /5,35, 57,58/*

gezogen werden (Bild 7-2). Im Wirtschaftlichkeitssimulationssystem setzt sich das Kostenmodell aus dem Kapazitätsrechnungs- und dem Kostenstrukturmodell zusammen. Die Bilanzgrenzen sollen kostenseitig mit der Wahl des Kostenstrukturmodells festgelegt werden. Die erforderlichen Kapazitätsrechnungsmodelle leiten sich daraus ab. Das allgemeine Kostenstrukturmodell kann durch die Wahl der Bilanzgrenzen je nach Komplexität und Automatisierungsgrad der zu vergleichenden Fertigungssysteme individuell angepaßt werden /5/.

Im Bild 7-3 ist für den Vergleich unterschiedlicher Automatisierungskonzepte an Hand der drei Ebenen des Kostenstrukturmodells qualitativ aufgezeigt, wie die Bilanzgrenzen zu wählen sind. Die Automatisierung nimmt bei den verschiedenen dargestellten Automatisierungskonzepten von den unverketteten CNC-Maschinen bis hin zu den Sondermaschinen zu. Bei der Wahl der Bilanzgrenzen ist zu berücksichtigen, daß jeder Einflußfaktor, der in die Bewertung einbezogen wird, auch einen größeren Datenbeschaffungs- oder Datenprüfungsaufwand erfordert. Die Grenzen sollten daher unter Beachtung der vergleichsrelevanten Einflußfaktoren möglichst eng gefaßt werden. Die Anlagenebene mit den systembeschreibenden Faktoren ist für den Vergleich aller unterschiedlichen Fertigungskonzepte relevant. Die Unternehmens- und die Unternehmensumfeldebene sind fallabhängig in die Bewertung einzubeziehen, wenn die durch sie bewirkten Kosten bei zu vergleichenden Fertigungssystemen unterschiedlich sind. Dabei kann allgemein gesagt werden, je technologisch fortschrittlicher oder automatisierter die eingesetzten Systeme sind, desto größer sind die Wirkungen auf die Unternehmens- und die Unternehmensumfeldebene, d. h. die Faktoren dieser Ebenen sind ganz oder teilweise in die Bilanzgrenzen zu nehmen.

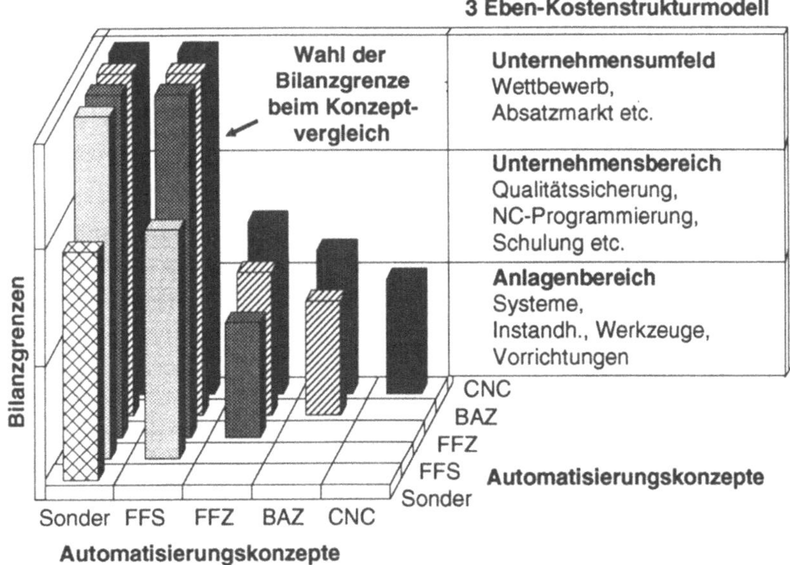

Bild 7-3:   *Wahl der Bilanzgrenzen im 3-Ebenen-Kostenstrukturmodell beim Vergleich unterschiedlich automatisierter Fertigungskonzepte*

Das bedeutet, daß die Bilanzgrenzen mit steigender Automatisierung vom CNC-Automatisierungskonzept hin zum Sondermaschinen-Konzept zunehmend weiter zu definieren sind. Werden unterschiedlich automatisierte Systeme miteinander verglichen, sind die Bilanzgrenzen der höherautomatisierten heranzuziehen. Die Bilanzgrenzen sind beispielsweise um die NC-Programmierung zu erweitern, wenn werkstattprogrammierte und in der Arbeitsvorbereitung programmierte Maschinen miteinander verglichen werden. Das ist erforderlich, weil unterschiedliche Kosten anfallen können. Beim Vergleich von unverketteten CNC-Maschinen und Flexiblen Fertigungssystemen sind z.B. die Einflußfaktoren des FFS, wie Fertigungssteuerung, Planung, Schulung, Wettbewerbsvorteile etc. zu berücksichtigen. Es sind alle drei Ebenen in die Betrachtung einzubeziehen.

Werden verschiedene Fertigungssysteme gleicher Automatisierung gegenübergestellt, können die Bilanzgrenzen in der Regel enger gefaßt werden. Das ist z.B. beim Vergleich zweier Flexibler Fertigungssysteme der Fall, bei denen kaum unterschiedliche Interdependenzen mit dem Unternehmensumfeld zu erwarten sind. In diesem Beispiel kann das Unternehmensumfeld daher aus den Bilanzgrenzen herausgenommen werden.

Im Rahmen der Grobplanung besteht das grundsätzliche Problem, daß die technischen Daten und Eigenschaften der Systeme noch wenig detailliert und die Wirkungen auf die Unternehmensbereiche und das Unternehmensumfeld nicht genau bekannt sind. Automatische Kapazitäts- und Investitionsrechnungen können fehlerbehaftet sein und die Simulationsergebnisse verfälschen. Deshalb sollte das Planungssystem die Arbeit in einem Rahmen unterstützen, in dem die Rechnungsdaten und -vorgänge transparent und für den Planer überwachbar sind. Dabei muß zwischen dem Berechnungsautomatismus, den ein rechnergestütztes Planungssystem bieten kann, und dem interaktiven Einbezug des Planers der geeignete Kompromiß gefunden werden.

Die obigen Beispiele zeigen, daß die Bilanzgrenzen beim Vergleich unterschiedlicher Automatisierungskonzepte zwar allgemein formuliert werden können, daß die detaillierte Definition der Grenzen aber stark planungsfallabhängig ist. Die Bilanzgrenzenwahl soll daher nicht automatisch vom Planungssystem durchgeführt werden, sondern der Planer mit seinem Fachwissen in den Entscheidungsprozeß einbezogen werden.

Das Kostenstrukturmodell wird deshalb mit allen drei Ebenen im Planungssystem implementiert. Die Wahl der Bilanzgrenzen wird dem Planer dadurch ermöglicht, daß die einzelnen Faktoren des Kostenstrukturmodells planungsfallabhängig aktiviert oder deaktiviert werden können.

7.3 Entwicklung der Kapazitätsrechnungsmodelle

7.3.1 Grundlagen der Kapazitätsrechnung

Das Ziel der Kapazitätsrechnungen ist es, aus den Fertigungskonzept- und den Planungseingangsdaten den Bedarf der Produktionsfaktoren zu ermitteln. Das Wirtschaftlichkeitssimulationssystem berücksichtigt, daß sich Menge und Art der Betriebsmittel eines Fertigungssystems in Abhängigkeit vom Teilespektrum zeitabhängig verändern können. Diese Veränderungen sollen bei den Wirtschaftlichkeitsbetrachtungen berücksichtigt werden. Ferner erfordern die Flexibilitätsanalysen (vgl. Kap 7.6.3) diese Funktionalität. Die Kapazitätsrechnungsmodelle müssen daher in der Lage sein, den dynamischen Produktionsfaktorenbedarf ausgehend von den Planungseingangsdaten zu errechnen.

Die Kapazitätsrechnungsmodelle sind dabei grundsätzlich für die Produktionsfaktoren des allgemeinen Kostenstrukturmodells (Bild 7-2) aufzustellen. Dabei soll in Anlehnung an das Rechnungsverfahren nach /28/ zwischen originären und dispositiven Faktoren unterschieden werden. Für beide Gruppen von Faktoren gilt, daß die Kosten im Sinne einer funktional differenzierten Rechnung aus Kostensätzen (Kostenstrukturmodell) und aus Bezugsgrößen (Kapazitätsrechnungsmodell) errechnet werden (Bild 7-4).

Unter originären Produktionsfaktoren sollen hier Systemkomponenten, Personal und Material verstanden werden. Der Bedarf dieser originären Produktionsfaktoren läßt sich in Kapazitätsrechnungen direkt aus den projektabhängigen Daten - hier den Arbeitsplänen und Produktlebenszyklen - errechnen und in Bezugsgrößen ausdrükken. Die zu multiplizierenden originären Kostensätze sind in der Regel in den Unternehmen bekannt oder sind einfach zu beschaffen (z.B. Maschinenhersteller). Der Vorgang ist beispielhaft für die Ermittlung einiger Kosten im Bild 7-4 dargestellt. Bei

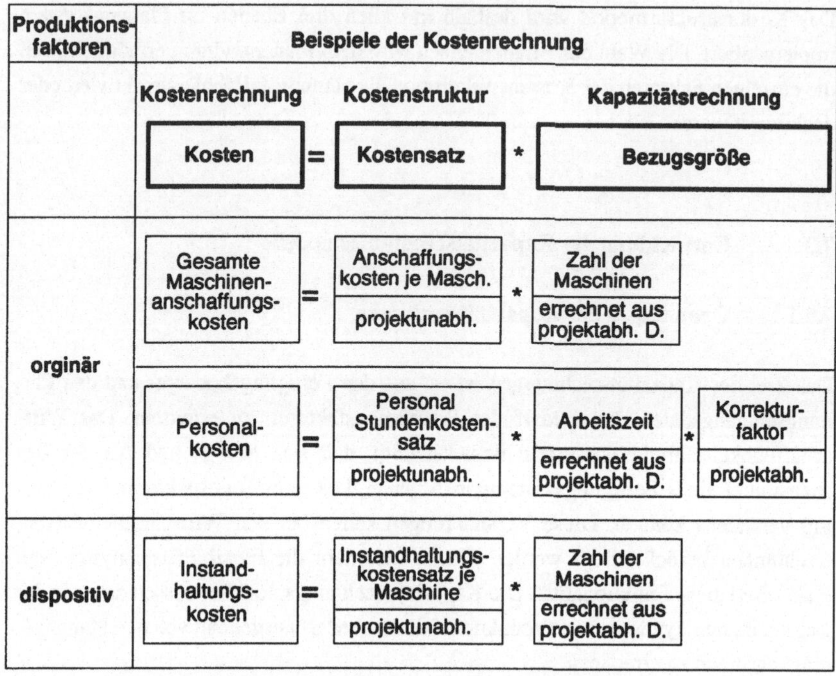

Bild 7-4:   *Beispiele für Kostensätze und Bezugsgrößen bei originären und dispositiven Produktionsfaktoren*

der Bestimmung der Maschinenanschaffungskosten werden als Kostensätze die Anschaffungskosten herangezogen und mit den Bezugsgrößen, die sich aus den projektabhängigen Daten der Arbeitspläne errechnen, multipliziert.

Der Personalbedarf läßt sich häufig nur grob an Hand der Planungseingangsdaten ermitteln, da er aus den individuellen Betriebsstrukturen resultiert und an Hand der Vorgabezeiten nur pauschal automatisch errechnet werden kann. In diesen Fällen kann das Planungssystem genäherte Bezugsgrößen liefern, die vom Planer zu prüfen und gegebenenfalls zu korrigieren sind. Zur Korrektur können Korrekturfaktoren eingesetzt werden. Durch diese Vorgehensweise, die den Planer eng in die Rechnungen einbezieht, können schwierig allgemein zu formulierende und durchzuführende Rechnungen auf die Erfahrungen des Unternehmens und der Planer gestützt werden.

Die übrigen Produktionsfaktoren werden als dispositiv bezeichnet. Die Kapazitäten und Kosten für die dispositiven Produktionsfaktoren lassen sich mit für die Grobplanung vertretbarem Aufwand nicht direkt aus den Arbeitsplänen und Produktlebenszyklen errechnen, da nur ein indirekter Zusammenhang besteht. Eine Lösung ist, die Kapazitätsrechnungen für die dispositiven Produktionsfaktoren an den originären (z.B. Maschinenzahl oder Belegungszeit) anzulehnen und Kostensätze zu definieren, die sich auf diese Bezugsgrößen beziehen. Damit läßt sich eine genäherte Rechnung durchführen. Zur Errechnung der Instandhaltungskosten können beispielsweise in der Datenbasis des Planungssystems Parameter hinterlegt werden, die angeben, wieviel Instandhaltungskosten je Werkzeugmaschine bei einem bestimmten Automatisierungsgrad eines Fertigungssystems durchschnittlich anfallen. (Eine exakte Rechnung müßte die tatsächlich anfallenden Kosten für das Instandhaltungspersonal, -material etc. ermitteln.) Die Kostensätze und Faktoren für die dispositiven Rechnungen können aus Erfahrungswerten resultieren und in Form von projektunabhängigen Daten in der Datenbasis des Planungssystems abgelegt werden (vgl. Kap. 7.4).

7.3.2 Kapazitätsrechnung für Personal und Werkzeugmaschinen

Die Kapazitätsrechnungen lassen sich so parametrisieren, daß die Rechnungsmodelle für ein Automatisierungskonzept (nach Kap. 6.3.3) einheitlich gestaltet werden können. Das ist möglich, weil die Zeitanteile, die ausgehend von den Vorgabezeiten in die Bedarfsrechnungen eingehen, nur vom Automatisierungskonzept abhängen (vgl. Kap. 5.4).

Die Vorgabezeiten der Arbeitspläne bilden die Grundlage für die Berechnung des Werkzeugmaschinen- und des Personalbedarfs. Die Vorgabezeiten gehen abhängig vom Automatisierungskonzept für Personal und Werkzeugmaschinen unterschiedlich in die Kapazitätsrechnungen ein (vgl. Erläuterungen in Kap. 5.4).

Gemäß der Vereinbarung aus Kap. 5.4 sollen alle Vorgabezeiten der Arbeitspläne, außer der Bearbeitungszeit, nur für das Personal im Planungssystem angegeben werden. Zur Maschinenkapazitätsrechnung müssen die personalbezogen definierten Vorgabezeiten daher korrigiert werden. Bei einem Bearbeitungszentrum mit zwei Maschinentischen muß beispielsweise ein Korrekturparameter die personalbezogene

Werkstückwechselzeit auf die Tischwechselzeit reduzieren, in der die Maschine still-steht. Diese Vorgehensweise erleichtert auf Dauer die Planungsarbeit, da die Vorga-bezeiten je Arbeitsplan nur für das Personal definiert werden müssen. Die Korrektur-faktoren für jedes Automatisierungskonzept können einmal im System abgelegt wer-den und brauchen dann lediglich planungsfallabhängig geprüft werden.

Korrigiert werden müssen die Rüst-, Werkzeugtausch- und Werkstückwechselzeiten. Bei diesen Zeiten können die Zeitanteile, die in die Kapazitätsrechnungen für das Personal und die Werkzeugmaschinen eingehen, unterschiedlich sein. Das sind jene Zeitanteile, die in automatisierten Systemen hauptzeitparallel erfolgen können und damit gar nicht oder stark reduziert in die Maschinenbelegungszeit eingehen. Die Einfahrzeiten und die Verteilzeiten (z.B Reinigung, Störung) gehen in der Regel gleichermaßen in die Bedarfsrechnungen für Personal und Maschinen ein. Die Defini-tion von Korrekturfaktoren ist für diese Zeiten daher nicht erforderlich.

Im Bild 7-5 sind die Korrekturfaktoren für die Rüst-, Werkzeugtausch- und Werk-stückwechselzeiten beispielhaft für die Automatisierungskonzepte nach Kap. 6.3.3 dargestellt. Dabei geht die personalbezogene Rüstzeit bei allen Konzepten, außer bei der Automatisierung mit Palettenspeichern, ganz in die Maschinenkapazitätsrechnung ein (Faktor "1"), d.h. die Maschinen stehen beim Rüsten still. Bei den Fertigungszel-len (FFZ-Pal) und den Flexiblen Fertigungssystemen (FFS-Pal) mit Palettenspeichern kann hauptzeitparallel gerüstet werden, so daß die Zeiten nicht einfließen (Faktor "0"). Beim BAZ-Konzept muß werkstückabhängig über den Korrekturfaktor entschie-den werden. Wenn die Rüstzeit kürzer als die Bearbeitungszeit ist, kann auf dem zweiten Maschinentisch ebenfalls hauptzeitparallel gerüstet werden. Die Werkzeug-tauschzeit erfolgt bei den im Beispiel zugrunde gelegten Werkzeugmaschinen nur bei den Flexiblen Fertigungssystemen hauptzeitparallel (Faktor "0"). Je nach Leistungsfä-higkeit der eingesetzten Maschinen kann dies aber auch bei anderen Konzepten mög-lich sein.

Die für das Personal definierte Werkstückwechselzeit ist von der Größe und Komple-xität der Werkstücke und Vorrichtungen abhängig und kann stark differieren. Da bei automatisierten Systemen die Maschinentisch- oder Roboterwechselzeiten aber wei-testgehend werkstückunabhängig sind, ist es sinnvoll, die Faktoren als konstante Wechselzeiten zu definieren und auf die personalbezogene Werkstückwechselzeiten zu normieren (vgl. Formel 2). Im Beispiel beträgt eine Tischwechselzeit z.B. 0,3 min..

Korrekturfaktoren für die Maschinenkapazitätsrechnug		
Vorgabezeit für Maschinenkapazitätsrechnung =	**Personalbezogene Vorgabezeit** $t_{x,x}$ *	**Korrekturfaktor** $P_{x,x}$

Vorgabezeit	Korrekturfaktoren für die Automatisierungskonzepte						
	CNC	**BAZ**	**FFZ Rob.**	**FFZ Pal.**	**FFS Rob.**	**FFS Pal.**	**Sonderm.**
Rüstzeit $t_R[\ ]$	1	1	1	0	1	0	1
Werkstückwechselzeit $t_{wsw}[min]$	1	$\dfrac{0{,}3}{t_{wsw}}$	$\dfrac{0{,}3}{t_{wsw}}$	$\dfrac{0{,}3}{t_{wsw}}$	$\dfrac{0{,}3}{t_{wsw}}$	$\dfrac{0{,}3}{t_{wsw}}$	$\dfrac{0{,}1}{T_{wsw}}$
Werkzeugtauschzeit $t_{wzt}[\ ]$	1	1	1	1	0	0	1

Bild 7-5: *Beispiele für Korrekturfaktoren zur Bestimmung der Vorgabezeiten für die Maschinenkapazitätsrechnung*

Die folgenden Kapazitätsrechnungsmodelle beziehen sich auf den Bedarf einer Periode. Die Berechnung der Maschinenbelegungszeiten kann mit einem einzigen, parametrisierten Rechnungsmodell erfolgen:

Maschinenbelegungszeit:

$$(1)\ T_{B,j,k,t} = \sum_{i=1}^{zT} \left(n_{,i,j,t} * T_{EZ,i,j,k,t} + \frac{n_{,i,j,t}}{L_{,i,k,t}} * T_{AW,i,j,k,t} + T_{VB,i,j,k,t} \right)$$

$T_{B,j,k,t}$:	Maschinenbelegungszeit [h]		
i:	Teile	t:	Periode
j:	Maschinentyp	k:	Automatisierungseinheit
zT:	Zahl der Teile	$n_{,i,j,t}$:	Stückzahl
$T_{AW,i,j,k,t}$:	Auftragswiederholzeit [h]	$T_{EZ,i,j,k,t}$:	Einzelzeit [h]
$T_{VB,i,j,k,t}$:	Vorbereitungszeit [h]	$L_{,i,k,t}$:	Losgröße

Einzelzeit:

$$(2)\ T_{EZ,i,j,k,t} = \frac{1}{60} * (t_{B,i,j,k,t} + t_{WSW,i,j,k,t} * P_{WSW,k} + t_{v,k})$$

$T_{EZ,i,j,k,t}$:	Einzelzeit [h]	$t_{B,i,j,k,t}$	Bearbeitungszeit [min]
$t_{WSW,i,j,k,t}$:	Werkstückwechselzeit [min]	$t_{v,k}$:	Verteilzeit [min]
$P_{x,x}$:	Korrekturparameter		

Auftragswiederholzeit:

$$(3)\ T_{AW,i,j,k,t} = \frac{1}{60} * (t_{R,i,j,k,t} * P_{R,k} + t_{E,i,j,k,t} + t_{WZT,i,j,k,t} * P_{WZT,k})$$

$T_{AW,i,j,k,t}$:	Auftragsw. [h]	$t_{R,i,j,k,t}$:	Rüstzeit [min]
$t_{E,i,j,k,t}$:	Einfahrzeit [min]	$t_{WZT,i,j,k,t}$:	WZG-Tauschzeit [min]

Vorbereitungszeit:

$$(4)\ T_{VB,i,j,k,t} = \frac{1}{60} * (t_{RE,i,j,k,t} * z_{v,i})$$

$T_{VB,i,j,k,t}$:	Vorbereitungszeit [h]	$z_{v,i}$:	Zahl der Varianten je Teil
$t_{RE,i,j,k,t}$:	Einmalige Rüst- und Einfahrzeit bei neuen NC-Programmen [min]		

Maschinenzahl:

$$(5)\ N_{M,j,k,t} = \frac{T_{B,j,k,t}}{z_{At} * z_{Sch} * T_{Sch}} * \frac{100}{N_{G,k}}$$

$N_{M,j,k,t}$:	Maschinenzahl	z_{AT}:	Arbeitstage pro Jahr
z_{Sch}:	Zahl der Schichten pro Tag	T_{Sch}:	Schichtdauer [h]
$N_{G,k}$:	Nutzungsgrad [%]		

Bei der Errechnung des Personalbedarfs soll zwischen Bedienern und Einricht- oder Überwachungspersonal differenziert werden, um verschiedene Personaleinsatzstrategien im Modell abbilden zu können. Bei den Automatisierungskonzepten mit unverketteten CNC-Maschinen und Bearbeitungszentren können sich die Bediener nur bei sehr langen Bearbeitungszeiten vom Takt der Maschine lösen. Deshalb soll sich der Personalbedarf aus den Belegungszeiten der Maschinen errechnen. Bei den übrigen Konzepten arbeiten die Maschinen für einen begrenzten Zeitraum selbständig, bis der Werkstückvorrat vom Personal wieder aufgefüllt werden muß. Hier wird der minimale Bedienerbedarf aus den Vorgabezeiten der Arbeitspläne automatisch ermittelt. Hinzu kommt der Bedarf für Einricht- und Überwachungspersonal.

Bedienungszeiten bei unverketteten Maschinen:

$$(7) \quad T_{MB,j,k,t} = T_{B,j,k,t}$$

$$(8) \quad T_{ER,j,k,t} = T_{B,j,k,t}$$

Minimale Bedienungszeiten bei verketteten Maschinen:

$$(9) \quad T_{MB,j,k,t} = \frac{1}{60} * \sum_{i=1}^{zT} n_{,i,j,t} * t_{WSW,i,j,k,t}$$

$$(10) \quad T_{ER,j,k,t} = \frac{1}{60} * \sum_{i=1}^{zT} \left(\frac{n_{,i,j,t}}{L_{,i,k,t}} * (t_{R,i,j,k,t} + t_{E,i,j,k,t} + t_{WZT,i,j,k,t}) + t_{RE,i,j,k,t} * z_{V,i} \right)$$

Personalbedarf:

$$(11) \quad N_{B,j,k,t} = \frac{T_{MB,j,k,t}}{z_{At} * z_{Sch} * T_{Sch}}$$

$$(12) \quad N_{E,j,k,t} = \frac{T_{ER,j,k,t}}{z_{At} * z_{Sch} * T_{Sch}}$$

$T_{MB,j,k,t}$:	Maschinenbed.-Zeit [h]	$T_{ER,j,k,t}$:	Einrichterzeit [h]
$N_{B,j,k,t}$:	Bedienerbedarf	$N_{E,j,k,t}$:	Einrichterbedarf

7.3.3 Kapazitätsrechnung für die Materialflußeinrichtungen

Die Materialflußeinrichtungen sind für den Transport, die Handhabung und die Lagerung von Werkstücken, Werkzeugen und Vorrichtungen auszulegen. Die Kapazitätsrechnung soll zunächst am Beispiel der Transportsysteme erläutert werden.

Der Werkstückfluß verursacht in der Regel in der Fertigung das größte Materialflußaufkommen /12/. Für die Anforderungen der Grobplanung können die Leistungsanforderungen an die Materialflußsysteme seitens des Werkstücktransports mit Hilfe der Reihenfolgebeziehungen und der Vorgabezeiten aus den Arbeitsplänen und den zu produzierenden Stückzahlen abgeleitet werden /12/. Hinzu kommen die Transportspiele für Werkzeuge und Vorrichtungen, von denen angenommen wird, daß sie bei Auftragswechsel je einmal anfallen. Die Rechnungen ergeben die minimal erforderlichen Transporte. Bei der Bearbeitung größerer Aufträge, bei der während des Auftrags verschlissene Werkzeuge ausgetauscht werden müssen, sind mehr Transporte anzusetzen.

Minimale Anzahl der Transporte:

$$(13)\ N_{T,k,t} = \sum_{i=1}^{zT} \left(\frac{n_{m,i,k,t}}{p_m} * z_{AFO,i,k,t} \right) + 2 * \sum_{i=1}^{zT} \left(\frac{n_{m,i,k,t}}{L_{,i,k,t}} \right)$$

Minimale Anzahl der Transportsysteme:

$$(14)\ N_{TS,k,t} = \frac{N_{T,k,t}}{N_{Tmax,k}} * \frac{100}{N_{G,k}}$$

$N_{T,k,t}$:	Anzahl Transporte	$N_{TS,k,t}$:	Anzahl Tr.-Systeme
p_m:	Mittl. Transportlos	$z_{AFO,i,k,t}$:	Zahl der Arbeitsf.
$N_{Tmax,k}$:	Durchschn. max. Transportzahl	$N_{G,k}$:	Nutzungsgrad
$n_{m,i,k,t}$:	Mittl. Stückzahl einer AE		

Die Kapazitätsrechnungen für die Handhabungseinrichtungen werden mit Hilfe der Vorgabezeiten durchgeführt. In der spanenden Fertigung wird die Zahl der durch einen Roboter verkettbaren Maschinen (Mehrmaschinenbeschickung!) nur bei Maschinen mit kurzen Bearbeitungszeiten, z.B. bei Drehmaschinen oder Sondermaschinen, durch die Kapazität des Roboters bestimmt (Gl. 16.1). Bei Maschinen, auf denen Teile mit längeren Bearbeitungszeiten gefertigt werden, ergeben Verfügbarkeits- und Abstimmungsbetrachtungen die Zahl der durch einen Roboter verkettbaren Maschinen (Gl. 16.2). Der Grund dafür ist, daß der Roboter in Mehrmaschinensystemen meist stillstehen muß, wenn an einer Maschine manuell gearbeitet wird (z.B Instandsetzung) und dadurch Ausfallzeiten an den anderen Maschinen entstehen können. Daher werden in der Regel nicht mehr als zwei bis vier Maschinen miteinander verkettet. Die Roboter haben dadurch zwar Überkapazitäten, die Maschinenausfallzeiten können aber gesenkt werden.

Belegungszeit der Roboter:

$$(15)\ T_{BR,k,t} = \sum_{j=1}^{zM} * \sum_{i=1}^{zT} \left(\frac{n_{,i,j,t}}{z_{HH,i}} * \frac{1}{60} * (t_{WSW,i,j,k,t} * P_{WSW,k} + t_{HH,i}) \right)$$

Anzahl der Roboter:

$$(16.1)\ N_{R,k,t} = \frac{T_{BR,k,t}}{z_{At} * z_{Sch} * T_{Sch}} * \frac{100}{N_{G,k}} \qquad \text{oder } (16.2)\ N_{R,k,t} = \frac{N_{M,k,t}}{z_{mv}}$$

$T_{BR,k,t}$:	Belegungszeit der Roboter [h]	$z_{HH,i}$:	Gehandhabte WST
$t_{HH,i}$:	Handhabungszeit [min]	$N_{G,k}$:	Nutzungsrad
$N_{R,k,t}$:	Anzahl d. benötigten Roboter	z_{vm}:	Verkettbare Maschinen
$N_{M,k,t}$:	Maschinenzahl einer AE		

Die Zahl der erforderlichen Behälter, Magazine, Speicher und Paletten werden automatisierungskonzeptabhängig über die Maschinenzahl und genäherten Bezugsgrößen errechnet, die angeben, wieviel Speicher je Maschine erforderlich sind.

7.3.4   Betrachtung der verketteten Fertigungssysteme

Die Kapazitäten der Arbeitsstationen in verketteten Systemen sollten aufeinander abgestimmt sein, um eine möglichst gleichmäßig hohe Auslastung zu erzielen. Dieser Aspekt muß in den Kapazitätsrechnungen berücksichtigt werden.

Die Konfiguration der starr verketteten Sondermaschinen wird durch die Angabe der Bearbeitungsstationen in den Arbeitsplänen festgelegt. Damit ist auch die Zahl der Verkettungseinrichtungen definiert, da jede Sondermaschine über eine Transfereinrichtung oder einen Rundtakttisch verfügt und alle Bearbeitungsstationen in der im Arbeitsplan zugrundegelegten Reihenfolge miteinander verkettet werden (Bild 7-6). Die Aufgabe der Kapazitätsrechnung besteht daher lediglich darin, den Sondermaschinengesamtbedarf zu bestimmen. Einzelne Bearbeitungsstationen brauchen kapazitiv nicht betrachtet zu werden, da sich der Bedarf aus den Arbeitsplänen und dem Gesamtbedarf ergibt. Die Rechnungen basieren auf den Taktzeiten, die von denjenigen Bearbeitungsstationen mit den größten Hauptzeiten bestimmt werden.

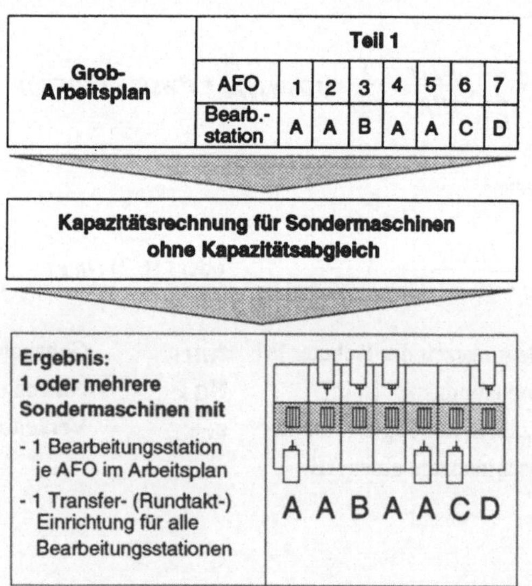

Bild 7-6:   *Zuordnung der Bearbeitungsstationen und Verkettungseinrichtungen einer Sondermaschine zum Arbeitsplan*

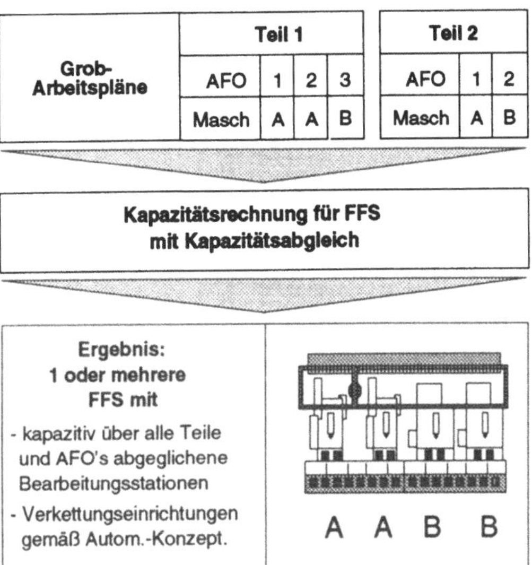

Bild 7-7:   *Kapazitätsabgleich in einem Flexiblen Fertigungssystem*

Bei den Flexiblen Fertigungssystemen können die Bearbeitungszeiten der einzelnen Teile und Arbeitsfolgen dagegen unterschiedlich sein, so daß für die verschiedenen Maschinen auch ein unterschiedlicher Kapazitätsbedarf entstehen kann. Das ist ein Kernproblem bei der Kapazitätsrechnung für FFS, da die Einzelkapazitäten der verketteten Maschinen für eine optimale Nutzung aufeinander abgestimmt sein sollten. Diese Problemstellung wird in der Feinplanung sehr häufig mit Ablaufsimulationen bearbeitet.

Bei der Grobplanung mit dem Wirtschaftlichkeitssimulationssystem soll zunächst davon ausgegangen werden, daß die in den einzelnen Arbeitsfolgen der Grobarbeitspläne definierten Werkzeugmaschinen zu einem Flexiblen Fertigungssystem verkettet werden. Dann wird ein Kapazitätsabgleich der verschiedenen Maschinen über alle Teile und Arbeitsfolgen durchgeführt, aus der der Gesamtmaschinenbedarf ermittelt wird (Bild 7-7). Der Kapazitätsabgleich liefert gute Näherungsergebnisse, wenn nur ein FFS angelegt werden soll. Wenn aufgrund einer hohen Gesamtmaschinenzahl mehrere FFS geplant werden sollen, entsteht das Problem der jeweiligen Detailkonfiguration.

Eine Lösung des Problems kann so aussehen, daß der Planer an Hand der technischen Gegebenheiten der eingesetzten Systeme bestimmt, wieviel Maschinen maximal zu einem FFS verkettet werden. Nach /36/ sind das in der Praxis am häufigsten zwischen zwei und fünf Maschinen. Diese Maximalzahl kann er über die Grenzmaschinenzahl definieren. Wenn der Gesamtmaschinenbedarf größer ist als die definierte Grenzmaschinenzahl, werden in der Rechnung zusätzliche FFS entsprechend der in der Automatisierungseinheit festgelegten Maschinenkonfiguration angelegt. Dabei können nicht aufeinander abgestimmte Kapazitäten oder Unterbelegungen entstehen. Diese Unstimmigkeiten lassen sich bei der Analyse der Ergebnisse im Rahmen der Wirtschaftlichkeitssimulation (vgl. Kap 7.6) erkennen, so daß die Konfiguration in weiteren Konzeptionsschritten optimiert werden kann (vgl. Kap. 6.4.2).

7.4   Aufbau der Kostenmodelle

Die Kostenmodelle setzen sich gemäß der Definition aus Kap. 7.1 aus dem Kostenstrukturmodell (Kap. 7.2) und dem Kapazitätsrechnungsmodell (Kap 7.3) zusammen. Es soll zwischen originären und dispositiven Kostenfaktoren unterschieden werden.

Die originären Kosten resultieren unmittelbar aus dem Betrieb der Fertigungssysteme und lassen sich bei der Kostenermittlung aus originären Eingangsgrößen bestimmen. Das sind beispielsweise Vorgabezeiten und Lohnkostensätze oder Anschaffungskosten. Um einen einfachen Rückschluß auf die Kostenwirksamkeit der Betriebsmittel und Automatisierungskonzepte zu ermöglichen, werden die originären Kosten in die beim Betrieb des Bearbeitungs-, des Transport- und Speicher- , des Handhabungs- und des Informationsflußsystems anfallenden Kosten sowie in die Personalkosten gegliedert. Diese Kosten unterteilen sich weiter in die Anschaffungs-, Raum- , Energie-, Instandhaltungs- und Betriebsmaterialkosten (Bild 7-8). Für alle Kostenfaktoren gilt, daß bei der dynamischen Investitionsrechnung (Kap. 7.5) der Zeitpunkt des Kostenanfalls berücksichtigt werden muß. Die Kosten werden dabei jahresweise im Zeitraster der Rechnungsperioden ermittelt. Für die Anschaffungskosten soll vereinfacht angenommen werden, daß sie einmalig im Anschaffungsjahr eines Systems anfallen oder sich gleichmäßig auf die Lebensdauer verteilen (z.B. Leasing). Die Raumkosten entstehen jährlich über der gesamten Nutzungsdauer der Fertigungssysteme. Die übrigen Kosten fallen durch den Betrieb der Anlagen an.

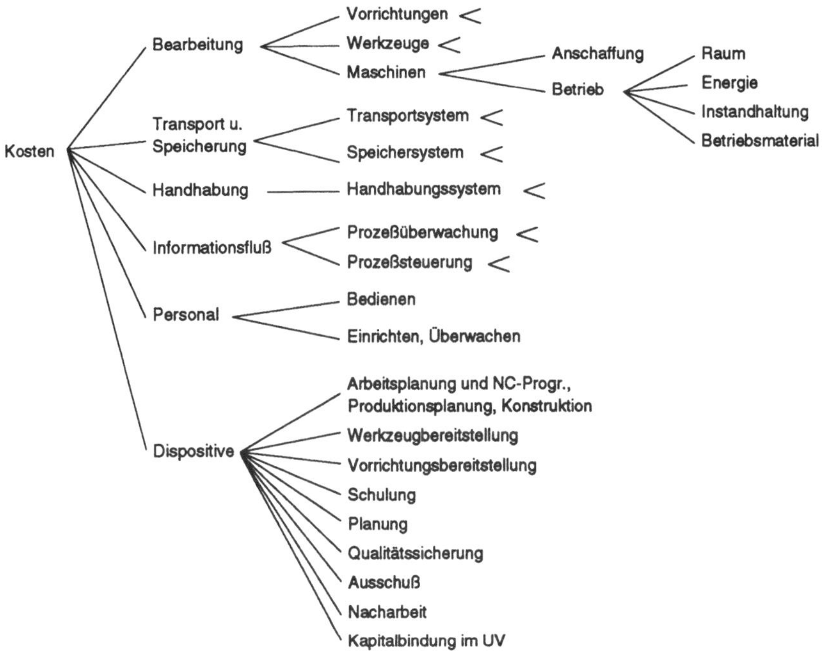

Bild 7-8: *Kostenstrukturmodell*

Die Kosten der Bearbeitungssysteme umfassen neben den Aufwendungen für die Werkzeugmaschinen auch die Kosten für Vorrichtungen und Werkzeuge. Bei der Kostenrechnung für Vorrichtungen und Werkzeuge soll zwischen den einmaligen Kosten (Investitionen, Beschaffung etc.) und den auftragsabhängigen Bereitstellungskosten (Montage, Einstellung etc.) unterschieden werden. Im Kostenmodell für das Bearbeitungssystem sind die einmaligen Kosten enthalten. Sie werden als durchschnittliche Größen je Maschine angegeben. Die auftragsabhängigen sind in den dispositiven Kosten enthalten.

Auszahlungsreihen (Kostenmodelle) für die Bearbeitungssysteme:

$$(17)\ a_{BS,j,k,t} = \sum_{j=1}^{z_M} (\ a_{Vor,j,k,t} + a_{WZG,j,k,t} + a_{B,j,k,t} + A_{M,j,k,t} * N_{M,j,k,t}\ )$$

Betriebskosten:

$$(18)\ a_{B,j,k,t} = a_{R,j,k,t} + a_{E,j,k,t} + a_{I,j,k,t} + a_{BM,j,k,t}$$

$a_{BS,j,k,t}$:	Bearbeitungssystem [DM/a]	$a_{Vor,j,k,t}$	Vorrichtungsk. [DM/a]
$a_{WZG,j,k,t}$:	Werkzeugkosten [DM/a]	$a_{B,j,k,t}$:	Betriebskosten [DM/a]
$A_{M,j,k,t}$:	Maschinenanschaffung [DM]	$N_{M,j,k,t}$:	Maschinenzahl
$a_{R,j,k,t}$:	Raumkosten [DM/a]	$a_{E,j,k,t}$:	Energiekosten [DM/a]
$a_{I,j,k,t}$:	Inst.-Kosten [DM/a]	$a_{BM,j,k,t}$:	Betriebsmaterialk. [DM/a]
z_M:	Zahl der Maschinentypen		

Zu den Bearbeitungskosten kommen die Kosten für die Material- und Informationsflußeinrichtungen. Im Bereich des Materialflusses sind das die Transport-, Handha-
bungs- und Speichersysteme für Werkstücke und Werkzeuge. Die Kostenrechnung
erfolgt bei den Materialflußeinrichtungen wie bei den Bearbeitungssystemen (siehe
Gleichung 18).

Die systemrelevanten Faktoren im Informationsbereich sind die Funktionen zur
Steuerung der Fertigungssysteme sowie die Prozeßüberwachungssysteme. Wenn die
Fertigungssteuerung nicht direkt vom Systempersonal, sondern zentral ausgeführt
wird, können die anfallenden Kosten nicht direkt errechnet werden, sondern müssen
über dispositive Kostensätze einfließen. Neben den Kosten im Informationsbereich ist
das Personal zur Bedienung der Systeme und zur Erfüllung der Handhabungs- sowie
der Überwachungsaufgaben zu berücksichtigen. Dazu wird der in der Kapazitätsrechnung errechnete Personalbedarf mit den Personalkostensätzen verrechnet.

Die Kosten für die dispositiven Produktionsfaktoren beruhen vorwiegend auf indirekten Rechnungsgrößen, wie durchschnittlichen Kostensätzen, die mehrere originäre
Faktoren zusammenfassen. Die Kosten im Fertigungsvorfeld mit Konstruktion, Ar-

der Überwachungsaufgaben zu berücksichtigen. Dazu wird der in der Kapazitätsrechnung errechnete Personalbedarf mit den Personalkostensätzen verrechnet.

Die Kosten für die dispositiven Produktionsfaktoren beruhen vorwiegend auf indirekten Rechnungsgrößen, wie durchschnittlichen Kostensätzen, die mehrere originäre Faktoren zusammenfassen. Die Kosten im Fertigungsvorfeld mit Konstruktion, Arbeitsplanung, NC-Programmierung und Produktionsplanung können einmalig durch Investitionen und kontinuierlich durch das Personal und den Betrieb anfallen. Ähnlich den Anschaffungskosten der originären Produktionsfaktoren soll hier zwischen einmaligen und kontinuierlich anfallenden Kosten unterschieden werden. Das können z.B. zwei Kostensätze für einen NC-Programmierplatz sein, von denen einer pauschal die einmaligen Anschaffungskosten für den Programmierplatz mit den Rechnersystemen widergibt und der andere die laufenden Kosten mit Personal, Miete etc. beziffert.

Kosten	= Kostensatz	* Bezugsgröße
Werkzeug- bereitstellung,	kontinuierlich je Los u. Masch.	Auftragszahl/ Periode u. Masch.
Vorrichtungs- bereitstellung	kontinuierlich je Los u. Masch.	Auftragszahl/Periode
Schulung	einmalig je Maschinentyp	Zahl der Maschinentypen
Planung	einmalig je Maschine	Maschinenzahl
Qualitätssicherung, Nacharbeit, Ausschuß	kontinuierlich je Stück	Stückzahl/Periode
Konstruktion Arbeitsplanung, NC-Programmmierung, Produktionsplanung,	einmalig	Periode
	kontinuierlich pro Jahr	Periode
Umlaufvermögen	kontinuierlich je Stück	Stückzahl/Periode

Bild 7-9:   *Kostenmodell der dispositiven Produktionsfaktoren*

Zu den dispositiven Faktoren gehören die Bereitstellungskosten für Werkzeuge und Vorrichtungen. Sie sollen dispositiv über durchschnittliche Kostensätze und über die Zahl der in einem Jahr anfallenden Aufträge in die Rechnung eingehen. Ferner fließen die Schulungs- und Planungskosten ein, die in der konventionellen Fertigung in weit geringerem Maße erforderlich sind als in komplexen Systemen. Die Schulungskosten beziehen sich auf die Zahl der unterschiedlichen Maschinentypen in einem Fertigungssystem. Die Planungskosten hängen von der Zahl der je Automatisierungskonzept eingesetzten Werkzeugmaschinen ab.

Weitere Kostenunterschiede sind in der Qualitätssicherung zu sehen. Je nach Prozeßstabilität der alternativen Konzepte sind unterschiedliche Aufwendungen für die Qualitätssicherung, die Nacharbeit und den Ausschuß, insbesondere beim Vergleich von Standard- und Sondermaschinen zu erwarten. Die Kostensätze beziehen sich auf die zu produzierenden Stückzahlen.

Das im Umlaufvermögen gebundene Kapital kann in verschieden automatisierten Fertigungssystemen sehr unterschiedlich sein und soll daher berücksichtigt werden. Das Umlaufvermögen hängt nach /56/ von den direkten und indirekten Wirkungen ab, die sich aus den Durchlaufzeiten ergeben. Die indirekten Wirkungen, z.B. auf die Losgrößen und die Lagerbestände, können dabei als dominierend angesehen werden. Diese sind nur schwer zu errechnen, so daß das Planungssystem die Durchlaufzeit durch die betrachteten Fertigungskonzepte genähert ermitteln und der Planer mit dieser Hilfestellung das gebundene Kapital durch Kostensätze selbst bestimmen soll. Durch die Strukturierung der Fertigung in Automatisierungs- und Organisationseinheiten können die Durchlaufzeiten periodenabhängig aus den Strukturen ermittelt werden, die ein Teil bei der Auftragsbearbeitung durchläuft (Bild 7-10). Dabei werden neben der Auftragszeit Liegezeiten zwischen den Arbeitsfolgen innerhalb einer Automatisierungseinheit sowie zwischen den Automatisierungs- und den Organisationseinheiten angesetzt (vgl. Kap. 6.4). Diese Differenzierung ist sinnvoll, weil für die Liegezeiten innerhalb einer Automatisierungseinheit aufgrund der homogenen Struktur ein einheitlicher durchschnittlicher Betrag angenommen werden kann. Die Zeiten zwischen den Automatisierungs- und den Organisationseinheiten werden in der Regel einen höheren Betrag haben.

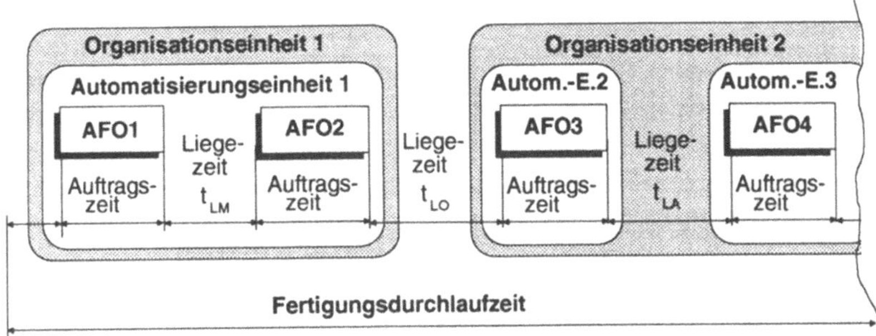

Bild 7-10:   *Zeitanteile der Fertigungsdurchlaufzeit*

Die Bestimmung der vergleichsrelevanten Kosten bedeutet praktisch, daß im Rahmen der Investitionsrechnung zahlreiche Größen quantitativ ermittelt werden müssn. Als Informationsquellen können beispielsweise die Daten aus der Fertigungssteuerung bereits realisierter Systeme dienen (vgl. /58/). Das Wirtschaftlichkeitssimulationssystem soll den Aufwand für die Datenbeschaffung reduzieren, indem immer wiederkehrende konzeptspezifische Daten in der Datenbasis als Richtgrößen abgelegt werden und bei Bedarf herangezogen werden können.

7.5   Entwicklung des Investitionsrechnungsmodells

7.5.1   Grundlagen der Investitionsrechnung

Der Begriff Investitionsrechnung wird in der Praxis häufig mit dem Begriff Wirtschaftlichkeitsrechnung gleichgesetzt /33/. Nach /60/ beinhaltet die Wirtschaftlichkeitsrechnung allgemein den Vergleich von Betrieben im Zeitverlauf, im Vergleich zu Vorgabewerten oder zu anderen Betrieben. Die Investitionsrechnung ist ein spezieller Fall der Wirtschaftlichkeitsrechnung, in der es um die Beurteilung von Investitionen geht. In dieser Arbeit sollen die Investitionsrechnungen dem relativen wirtschaftlichen Vergleich von Fertigungssystemen dienen. Man unterscheidet die statischen und die dynamischen Investitionsrechnungsverfahren.

Während in statischen Investitionsrechnungsverfahren häufig mit über der Zeit gemittelten Kosten und Leistungen gerechnet wird, berücksichtigen die dynamischen Verfahren den Zeitpunkt der Zahlungen /33, 34, 60/. Es werden Ein- und Auszahlungsreihen je Rechnungsperiode ermittelt und gegenübergestellt. Im Rahmen dieser Arbeit sind damit die Abgrenzungen zwischen den Begriffspaaren Aus-/ Einzahlungen und Kosten/ Leistungen von Bedeutung. Nach /33/ sind die Kosten der bewertete Verzehr von Gütern und Diensten im Produktionsprozeß. Die Leistungen sind in Geld bewertete, aus dem betrieblichen Produktionsprozeß hervorgegangene Güter und Dienste. Dagegen entsprechen die Ein- und Auszahlungen bei den dynamischen Verfahren dem Zu- und Abgang liquider Mittel pro Periode /34/.

Da die statischen Verfahren den Zeitfaktor überhaupt nicht oder nur unzureichend berücksichtigen, sind sie für die Abbildung dynamischer Prozesse, wie es das Ziel dieser Arbeit ist, nicht geeignet /27, 33/. Es sollen dynamische Investitionsrechnungsverfahren herangezogen werden, von denen die Kapitalwert-, die interne Zinsfuß- und die Annuitätenmethode am häufigsten eingesetzt werden /27, 33, 59/.

Alle drei Methoden können eingesetzt werden, wenn es um die Frage geht, ob sich eine Investition lohnt oder nicht. "Die Kapitalwertmethode hat die Ermittlung des Gegenwartswerts des gesamten Überschusses einer Investition zum Ziel, der über die Amortisation des Kapitaleinsatzes und die kalkulatorischen Zinsen hinausfließt. Sie eignet sich zur Beurteilung der Vorteilhaftigkeit von Investitionen im Vergleich zur Anlage zum kalkulatorischen Zinsfuß, wenn ausreichend Kapitalmittel zur Verfügung stehen" /60/. Das gleiche gilt für die Annuitätenmethode. "Der wesentliche Unterschied zwischen Annuitäten- und Kapitalwertmethode besteht darin, daß es sich im einen Fall um eine Periodenrechnung, im anderen Fall um eine Gesamtrechnung handelt" /60/. Bei Anlagenvergleichen werden bei der Kapitalwertmethode gleiche Betrachtungszeiträume vorausgesetzt. Mit dem internen Zinsfuß wird die zu erwartende Rendite einer Investition errechnet /27/ und damit das vorhandene Kapital in die Rechnung einbezogen. Die Ermittlung der Rendite erfordert einen vergleichsweise hohen Rechenaufwand /34/. Da die Kapitalwertmethode für die gestellten Anforderungen des relativen Wirtschaftlichkeitsvergleichs geeignet ist und unter den gezeigten Verfahren den geringsten Rechenaufwand erfordert, soll sie im Wirtschaftlichkeitssimulationssystem zum Einsatz kommen.

Bei der Kapitalwertmethode werden die mit einer Investition anfallenden Ein- und Auszahlungen periodenweise gegenübergestellt und mit dem kalkulatorischen Zins, der die geforderte Mindestverzinsung des eingesetzten Kapitals angibt, auf den Entscheidungszeitpunkt abgezinst. Die Investition ist dann vorteilhaft, wenn der berechnete Kapitalwert C_0 größer oder gleich Null ist.

Kapitalwertmethode:

$$(19)\ C_0 = \sum_{t=0}^{T} [\,(e_t - a_t) * (1+i)^{-t}\,] + R * (1+i)^{-T}$$

C_0:	Kapitalwert	e_t:	jährliche Einzahlungen
a_t:	Jährliche Auszahlungen	i:	Kalkulationszinssatz
t:	Periode	T:	Ende des Betrachtungszeitraums
R:	Restwert		

7.5.2 Das dynamische relative Investitionsrechnungsmodell

Bei der Bewertung von Fertigungssystemen mit Hilfe der Kapitalwertmethode besteht das prinzipielle Problem, daß den bearbeiteten Teilen häufig keine Einzahlungen aufgrund von Erlösen zugeordnet werden können. Die Berücksichtigung der Erlöse ist aber erforderlich, weil durch den Einsatz fortschrittlicher Technologien (z.B. FFS) indirekte Wirkungen entstehen können, wie z.B. Senkung der Lieferzeiten, Qualitätssteigerungen oder Erhöhung der Lieferbereitschaft, die sich in Erlösunterschieden niederschlagen. Die in /27, 61/ vorgestellte "Marktinduzierte Kapitalwertmethode" umgeht diese Problematik, indem keine absolute Wirtschaftlichkeit, sondern eine relative durch eine Differenzbetrachtung der Zahlungsströme der Alternativen ermittelt wird. Dabei wird davon ausgegangen, daß die Zahlungsreihen einer Alternative, z.B der bestehenden Fertigung, bekannt sind und die anderen Konzepte darauf bezogen werden können.

An Hand der Kapitalwerte kann jedoch keine Aussage über die Kostenwirksamkeit einzelner Kostenfaktoren getroffen werden, die für die Konzeptanalyse erforderlich ist. Die allgemeine Kapitalwertmethode nach Kap. 7.5.1 soll daher im Wirtschaftlichkeitssimulationssystem durch ein Verfahren ergänzt werden, bei dem die Erlöse nicht absolut, sondern nur relativ zueinander bekannt sein müssen und das eine Kostenanalyse ermöglicht.

Die Einzahlungen aufgrund der Erlöse für gefertigte Teile sollen bei den zu vergleichenden Konzepten zunächst gleichgesetzt werden, so daß sie bei der vergleichenden Betrachtung entfallen können. In einem weiteren Schritt werden die Nettoerlösveränderungen nach /27/, bezogen auf eine Alternative, zugerechnet. Die Kosten der zu vergleichenden Systeme sollen nicht relativ, sondern als absolute Größen eingehen. Dadurch wird kostenseitig keine Referenzanlage erforderlich, auf die alle Kosten zu beziehen wären. Diese Vorgehensweise ist zweckmäßig, weil dann im Rahmen der Wirtschaftlichkeitsanalysen bei allen Lösungsalternativen die Kostenwirksamkeit einzelner Produktionsfaktoren untersucht werden kann (vgl. Kap. 7.6). Bei einer relativen Kostenbetrachtung wäre dies nur mit einem höheren Aufwand möglich.

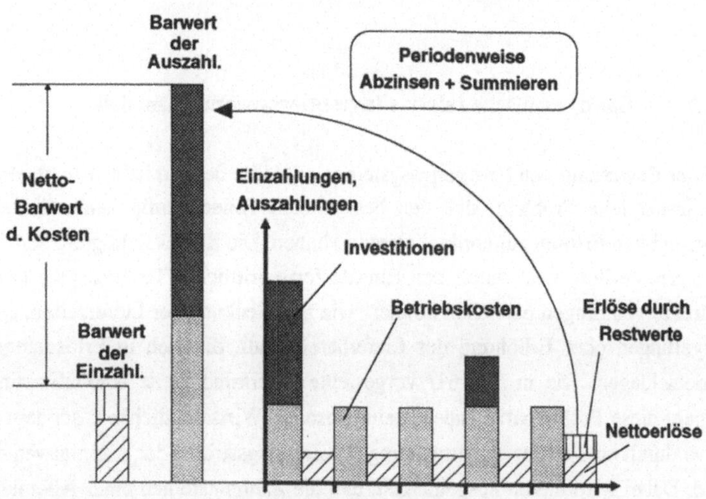

Bild 7-11:   *Ermittlung des Nettobarwerts der Kosten*

Die in das relative Investitionsrechnungsverfahren einfließenden Aus- und Einzahlungsreihen sind im Bild 7-11 dargestellt. Die Auszahlungen setzen sich dabei aus den einmaligen Investitionen und den laufenden Kosten zusammen. Dabei werden die

Auszahlungen für Investitionen in der jeweiligen Periode angesetzt, in der sie getätigt werden. Bei anderen Finanzierungssformen, z.B. Leasingfinanzierungen, sind die Beträge auf die entsprechenden Perioden zu verteilen. Bei den Auszahlungen für Personal- und Betriebskosten wird angenommen, daß diese in den Perioden, in denen sie anfallen, auch zahlungswirksam werden. Mit dieser Annahme lassen sich die Kosten periodenweise automatisch berechnen und können dann je als Auszahlung einer Periode in die dynamische Investitionsrechnung gemäß Bild 7-11 einfließen.

Die Ergebnisse des relativen Investitionsrechnungsverfahrens setzen sich aus den Barwerten der Kosten, der Nettoerlöse und der Anlagenrestwerte zusammen. Im folgenden soll daher der Begriff "Nettobarwert der Kosten" eingeführt werden. Der Nettobarwert der Kosten stellt dabei den Differenzbetrag des Gegenwartswerts von den in der Zukunft anfallenden Aus- und Einzahlungen dar.

Bei gleichen Erlösen für die gefertigten Produkte für zwei zu vergleichende Systeme folgt:

Nettobarwert der Kosten für System 1:

$$(20) \quad K_1 = \sum_{t=0}^{T} [\, (a_{1,t} - R_{1,t}) * (1 + i)^{-t} \,]$$

Nettobarwert der Kosten für System 2, relativ zu System 1:

$$(21) \quad K_2 = \sum_{t=0}^{T} [\, (a_{2,t} - d_{e2,t} - R_{2,t}) * (1 + i)^{-t} \,]$$

wobei:

K_1, K_2:	Nettobarwert der Kosten	$e_{1,t}$, $e_{2,t}$:	jährliche Einzahlungen
$a_{1,t}$, $a_{2,t}$:	Jährliche Auszahlungen	i:	Kalkulationszinsatz
t:	Perioden	T:	Ende des Planungszeitraums
$R_{1,t}$, $R_{2,t}$:	Restwerte	$d_{e2,t}$:	Nettoerlösveränderung

Die Investitionsalternative 1 ist vorteilhafter als 2, wenn gilt: $K_1 < K_2$

Bei der Anwendung dieses relativen Investitionsrechnungsmodells ist zu beachten, daß die Ergebnisse nur eine Aussage über die relative Wirtschaftlichkeit der Systeme zueinander liefern können. Für eine absolute Betrachtung müssen die Erlöse bekannt sein.

Die Kapitalwertmethode setzt beim Vergleich von Investitionsalternativen gleiche Betrachtungszeiträume voraus. Die Grundlage des Planungssystems stellt eine Fertigungsaufgabe für einen bestimmten Zeitraum dar. Die Betrachtungszeiträume sind also bei allen Alternativen gleich, so daß die Prämisse berücksichtigt wird /59/. Wenn die Nutzungsdauer der zu vergleichenden Fertigungssysteme voneinander abweicht, z.B. beim Vergleich 2- und 3-schichtig genutzter Fertigungssysteme, sind während des Betrachtungszeitraums gegebenenfalls Desinvestionen und Ersatzinvestitionen erforderlich. Die Restwerte der Fertigungseinrichtungen bei Desinvestitionen werden automatisch errechnet, sollten aber jederzeit manuell beeinflußbar sein. Dabei wird der zeitbezogene Restwert genähert durch eine lineare Wertminderung zwischen der Anfangsinvestition und dem Restwert am Ende der Nutzungsdauer berechnet.

Die Anwendung der dynamischen Investitionsrechnungsverfahren wirft einige weitere Fragen auf, wie beispielsweise die Bestimmung des Kalkulationszinssatzes, die in der betriebswirtschaftlichen Literatur aber umfassend behandelt werden /z. B. 27, 33, 34, 60/ und deshalb hier nicht diskutiert werden sollen.

7.6 Entwicklung der Wirtschaftlichkeitssimulations-Verfahren

7.6.1 Grundlagen

Mit dem Wirtschaftlichkeitssimulations-Verfahren sollen Wirtschaftlichkeitsdaten errechnet werden, an Hand derer der Planer die wirtschaftliche Vorteilhaftigkeit von Fertigungssystemen und von Teilsystemen beurteilen kann. Das Bewertungsverfahren muß dazu sowohl detaillierte Wirtschaftlichkeitskenndaten liefern als auch nach /36/ die Risiken, die mit den Investitionen verbunden sind, aufzeigen können. Dazu soll das Simulationsmodul aus 3 Modulen unterschiedlicher Funktionalität aufgebaut werden (Bild 7-12).

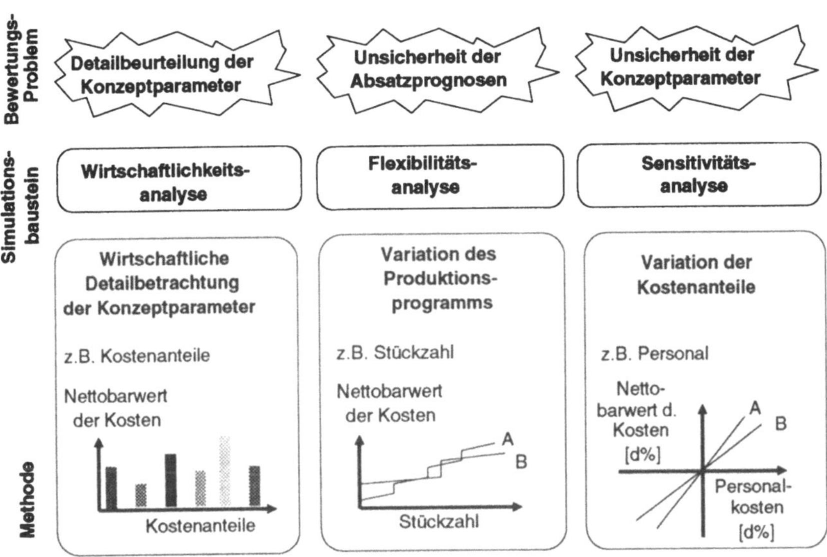

Bild 7-12:   *Bewertung durch Wirtschaftlichkeitssimulation*

In dem Modul Wirtschaftlichkeitsanalyse sollen mit Investitionsrechnungen Daten bereitgestellt werden, die eine detaillierte Beurteilung der Fertigungssysteme zulassen. Um das am besten geeignete Fertigungssystem konzipieren und bewerten zu können, müssen die Einflüsse aller wirtschaftlichkeitsrelevanten Faktoren analysiert werden können. Die Analyseergebnisse sind dazu in Wirtschaftlichkeitskenngrößen und -grafiken aufzubereiten (Kap. 7.6.2). Die Rechnungsergebnisse können nach verschiedenen Kriterien, wie beispielsweise nach Kostenanteilen oder nach der Zeit aufgeschlüsselt werden.

Die Risiken bei Investitionsentscheidungen resultieren aus den unsicheren Planungsdaten. Das sind die Prognosen über die Produktionsprogrammentwicklung, die technischen Daten der Fertigungssysteme und die wirtschaftlichen Daten. Die Risiken können mit unterschiedlichen Verfahren, wie z.B. Korrekturverfahren, Sensitivitätsanalysen, Risikoanalysen oder Fuzzy-Modellen untersucht werden. Die Risikoanalyse und die Fuzzy-Modelle liefern nach /5/ die besten Ergebnisse, sind aber aufgrund des erheblichen Aufwands praktisch nicht einsetzbar. Im Wirtschaftlichkeitssimulationssystem sollen daher Sensitivitätsanalysen zum Einsatz kommen. Die Sensitivitätsanalysen sollen für die Produktionsprogrammparameter und für die übrigen Rechnungsparameter getrennt durchgeführt werden.

Die Sensitivitätsanalyse des Produktionsprogramms soll als Flexibilitätsanalyse bezeichnet werden. Diese Bezeichnung ist möglich, da genau jene Einflußgrößen untersucht werden sollen, mit denen die Flexibilitätseigenschaften von Fertigungssystemen betrachtet werden können. Die Flexibilitätsanalyse erfordert ein Verfahren, mit dem die Flexibilitätseigenschaften von Fertigungssystemen an Hand der Flexibilitätsdefinitionen (z.B. Stückzahlveränderung, vgl. Kap.6.3.1) mit wirtschaftlichen Größen beurteilt werden können (Kap. 7.6.3).

In einem weiteren Modul sollen Sensitivitätsanalysen für die übrigen Konzeptparameter durchgeführt werden (Kap. 7.6.4). Das sind die in die Konzeption eingeflossenen technischen und wirtschaftlichen Parameter. Da die Zahl der Parameter zu groß ist, um alle sinnvoll systematisch variieren zu können, wird ein Sensitivitätsanalyseverfahren eingesetzt, bei dem verschiedene Gruppen von Parametern zusammen variiert werden (z.B. Personalkosten).

7.6.2 Wirtschaftlichkeitsanalyse

Im Rahmen der Wirtschaftlichkeitsanalyse soll dargelegt werden, wie einzelne Kostenfaktoren in das Wirtschaftlichkeitsergebnis eingehen. Die zu betrachtenden Faktoren, die im Laufe der Planung festgelegt wurden, sind das Teilespektrum, die technischen Teilsysteme, das Automatisierungskonzept, die Arbeitsorganisation, die Investitionsstrategie und die dispositiven Produktionsfaktoren. Im Bild 7-13 werden die Darstellungsformen aufgezeigt, mit denen der Einfluß dieser Faktoren betrachtet werden kann. Die im folgenden dargestellten Analysekennzahlen und -darstellungen ermöglichen eine ganzheitliche Wirtschaftlichkeitsinterpretation.

Die Kapitalwertmethode läßt eine Beurteilung der absoluten Wirtschaftlichkeit von Fertigungssystemen zu, wenn die Einzahlungsreihen bestimmt werden können. Die Nettobarwerte der Kosten geben eine Aussage über die relative wirtschaftliche Vorteilhaftigkeit von Fertigungssystemen gegenüber anderen Lösungen. Mit einer Auf-

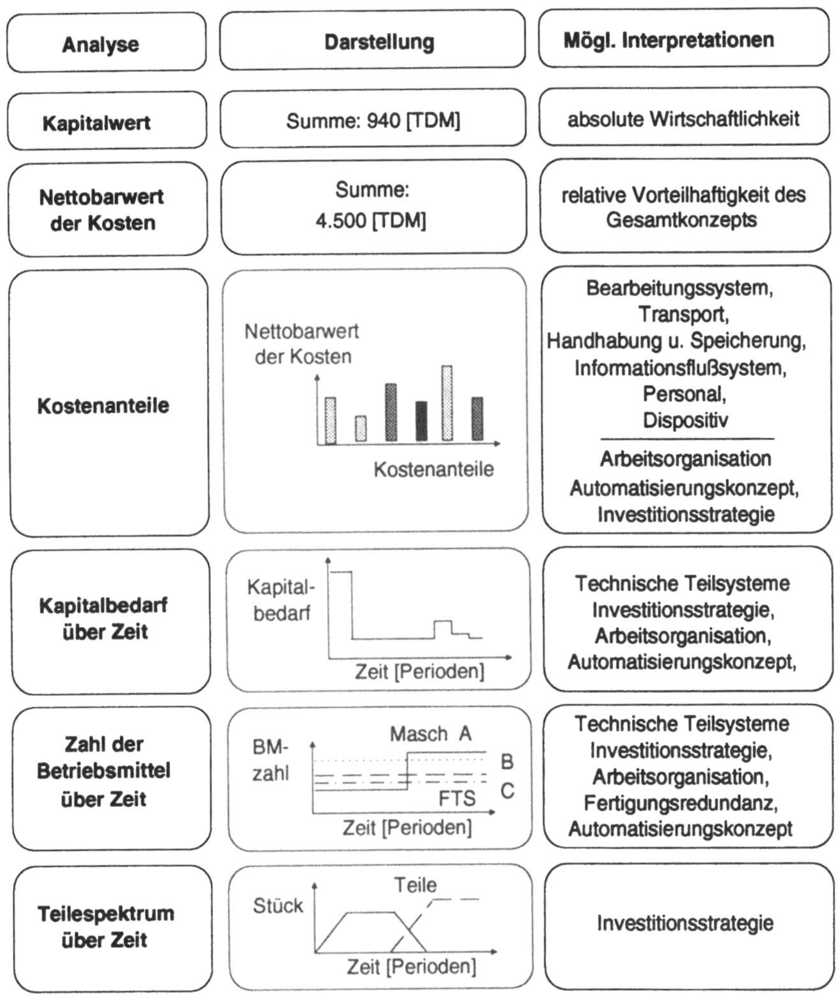

Bild 7-13:   *Komponenten der Wirtschaftlichkeitsanalyse*

schlüsselung der Nettobarwerte der Kosten in originäre und dispositive Kostenanteile (gemäß Bild 7-8) lassen sich Aussagen über die Kostenverantwortung des Personals, der technischen Teilsysteme, der dispositiven Faktoren und indirekt des Automatisierungskonzepts, der Arbeitsorganisation und der Investitionsstratgie treffen. Durch die Kostenaufschlüsselung können einzelne Produktionsfaktoren mit hoher Kosten-verantwortung erkannt und in weiteren Schritten optimiert werden.

Der Zeitaspekt kann durch eine periodenweise Darstellung der Kosten in die Betrach-tung einfließen und erlaubt damit eine zeitbezogene Interpretation. Dazu wird der Kapitalbedarf in Abhängigkeit vom Betrachtungszeitraum dargestellt. An Hand der Kurven kann man erkennen, zu welchen Zeitpunkten erhöhte Kosten anfallen und damit Rückschlüsse auf die Investitionsstrategie ziehen.

Durch die Ergänzung dieser Darstellung mit einer kapazitiven Veranschaulichung der eingesetzten Betriebsmittel in Abhängigkeit von der Zeit lassen sich die Wirkungen der Teilsysteme, der Investitionsstrategie und der Arbeitsorganisation noch detaillier-ter analysieren. Die Zahlungsströme brauchen dabei nicht neu errechnet, sondern können der Kapitalwertrechnung entnommen werden. Die Grafiken mit den Teilele-benszyklen unterstützen die Analysen.

Das Bild 7-14 zeigt ein Beispiel für eine Wirtschaftlichkeitsanalyse. Dargestellt sind die Wirtschaftlichkeitsanalyseergebnisse für je ein Fertigungssystem mit unverkette-ten Bearbeitungszentren (BAZ) und mit durch einen Palettenspeicher verketteten Be-arbeitungszentren (FFS). Der Untersuchung wurde ein Teilespektrum, bestehend aus zwei Teilefamilien mit unterschiedlichen Anlaufzeitpunkten zugrunde gelegt (Bild links oben). Die Kostenanalyse zeigt beispielsweise, daß bei dem verketteten System die Personalkosten niedriger, dafür aber die Investitionskosten bei den Transport- und Speicherkosten höher sind (Bild rechts oben). Die Kapazitätsanalyse (rechts unten) zeigt, daß mit zunehmender Stückzahl und dem Anlauf des zweiten Teilespektrums zusätzliche Werkzeugmaschinen angeschafft werden müssen. Dieser Aspekt spiegelt sich in der Kosten-Zeitanalyse wider (links unten). Es ist zu erkennen, daß mit dem Anlauf der zweiten Teilefamilie erhebliche Kosten anfallen, die durch die Investitio-nen in Maschinen und in Erweiterungen des Palettenspeichers anfallen.

Mit den beschriebenen Analysekennzahlen und -darstellungen ist eine schnelle Kon-zeptanalyse hinsichtlich der für die Grobplanung wichtigsten Kriterien möglich. Um einen möglichst effektiven Konzeptvergleich durchführen zu können, sollen die An-alysegrafiken die Kurven von bis zu drei alternativen Konzepten enthalten, die der Planer frei wählen kann.

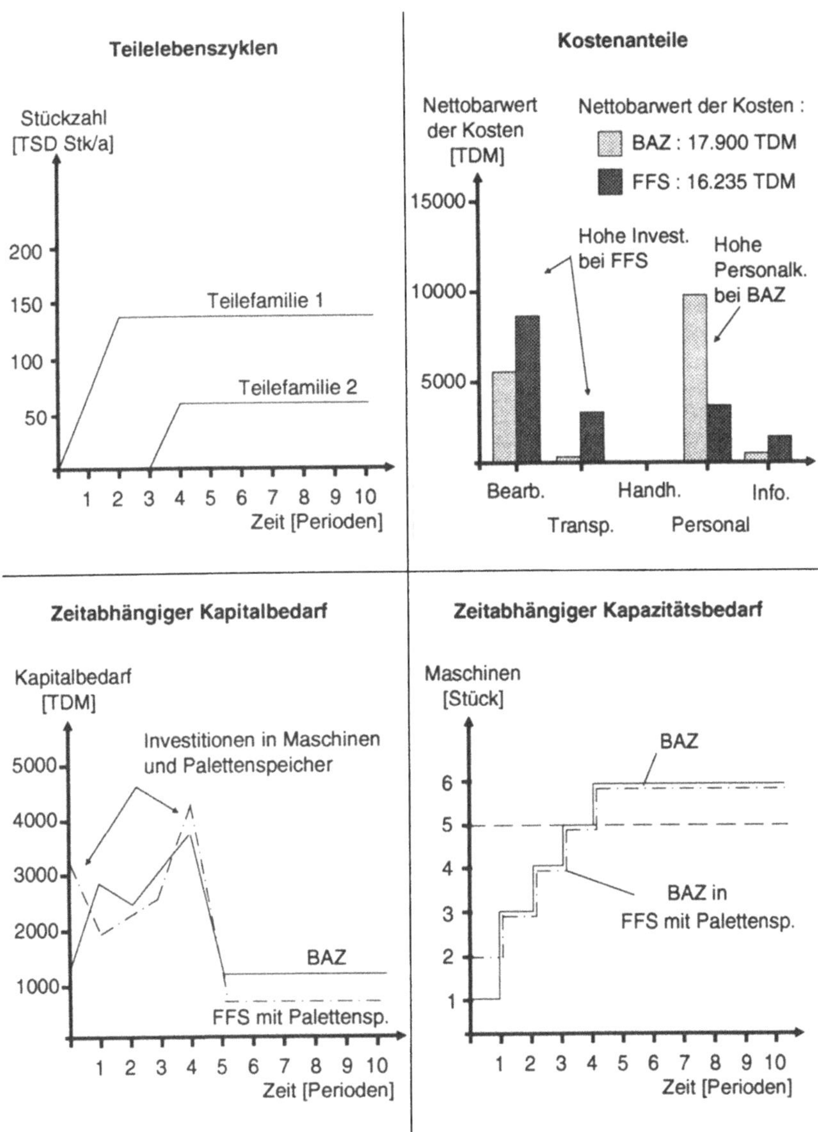

Bild 7-14: *Beispiel einer Wirtschaftlichkeitsanalyse für ein Fertigungssystem aus unverketteten Bearbeitungszentren und ein FFS mit Palettenspeicher*

7.6.3   Flexibilitätsanalyse

Die Flexibilitätsanalyse ist von besonderer Bedeutung, da die Produktionsprogrammprognosen für die Nutzungsdauer eines Fertigungssystems, die in der Regel bei 10
Jahren liegt, als besonders unsicher angesehen werden kann. Ferner ist der Einfluß auf
die Struktur, die Eigenschaften und damit auf die mit dem Betrieb eines Fertigungssystems verbundenen Kosten besonders hoch. Nach /6/ beruhen alle denkbaren zeitabhängigen Aufgabenveränderungen auf der Veränderung der Werkstücke oder auf der
Veränderung der Nachfragestruktur. Im Bild 7-15 sind die inhaltlichen Verände-
rungsmöglichkeiten für beide Aspekte aufgezeigt. Bei allen Aufgabenveränderungen
kommt hinzu, daß neben den inhaltlichen Veränderungen auch der Zeitpunkt der
Veränderung prognostiziert werden muß.

Veränderung der Nachfragestruktur	Veränderte Gesamtkapazität
	Veränderte Stückzahlrelationen
	Veränderte Losgröße
Veränderung der Werkstücke	Neue, bekannte Werkstücke
	Unbekannte, aber ähnliche Werkstücke
	Unbekannte, unähnliche Werkstücke

Bild 7-15:   *Mögliche Aufgabenveränderungen /nach 6/*

Die Flexibilität von Fertigungssystemen kann mittels der Aufgabenveränderungen
nach /6/ untersucht werden. Dabei sind die inhaltlichen und zeitbezogenen Planungs-
parameter zu variieren, die die Aufgabenveränderungen beschreiben. Es sollten alle
Flexibilitätsarten untersucht werden können, die Fertigungssysteme kennzeichnen
(vgl. Kap 6.3.1). Im Rahmen von Parametervariationen bei der Flexibilitätsanalyse
können die Mengen-, die Erweiterungs-, die Anpaß- und die Produktflexibilität analysiert werden. Die Fertigungsredundanz muß an Hand des in der Kapazitätsrechnung
ermittelten Bedarfs untersucht werden (Kap. 7.6.2).

Bei der Flexibilitätsanalyse können grundsätzlich zwei Vorgehensweisen unterschieden werden:

1. Analyse einzelner Parameterwerte

Die zu untersuchenden Parameter werden in verschiedenen Definitions- und Konzeptionsdurchgängen jeweils einzeln verändert und die Investitionsrechnungen in der Bewertungsphase erneut durchgeführt.

2. Analyse von Parameterbereichen

Die Parameter werden ausgehend von den Planungseingangsdaten in der Bewertungsphase systematisch variiert, ohne die Eingangsdaten zu verändern.

Die erste Methode kann genutzt werden, wenn nicht ein ganzer Wertebereich, sondern nur eine bestimmte Parametervariante von Interesse ist oder wenn mehrere Parameter verändert werden und damit eine alternative Planungsgrundlage vorgegeben werden soll. Für umfangreichere Variationen ist diese Methode zu unübersichtlich und für den Planer zu aufwendig.

Das zweite Verfahren hat den Vorteil, daß systematisch größere Wertebereiche von Parametern untersucht werden können und damit umfassende Analyseergebnisse entstehen. Nachteilig ist, daß mit der systematischen Variation ein hoher Rechenaufwand verbunden ist. Ferner ist nur die Variation eines Parameters oder mehrerer direkt voneinander abhängiger Parameter sinnvoll, damit die Analyseergebnisse eine eindeutige Interpretation zulassen.

Beide Methoden sollen zur Betrachtung der Flexibilität im Wirtschaftlichkeitssimulationssystem zum Einsatz kommen. Der Datenaufwand zur Beschreibung des Teilespektrums mit den technischen Größen (Teiledaten, Arbeitspläne) und den zeitbezogenen Größen (Lebenszyklen) kann bei einem größeren Teilespektrum sehr komplex werden. Eine systematische Variation der Teilespektrumszusammensetzung und der Zeitpunkte, bei denen sich das Teilespektrum ändert (z.B. Ablöseprodukt), wäre daher zu aufwendig. Bei der Festlegung dieser Faktoren soll daher Methode 1 zum Einsatz kommen. Das bedeutet, daß im Definitions- und Konzeptionsmodul des Planungssystems das Teilespektrum hinsichtlich der Zusammensetzung und des Zeitenmodells festgelegt wird. Bei Änderungsbedarf können die Grundeinstellungen in diesen Modulen variiert werden.

Die Flexibilitätsanalysen im Rahmen des Planungssystems nach Methode 2 bauen auf den Grundeinstellungen auf. Mit diesem Analysehilfsmittel können die Veränderungen der Nachfragestruktur nach /6/ untersucht werden. Im Bild 7-16 sind die Sensitivitätsparameter (Variationsparameter) mit den dazugehörigen, untersuchbaren Flexibilitätsarten, Beispielen und der Darstellungsform abgebildet. Die Stückzahlen einzelner oder aller Teile lassen sich systematisch variieren und damit die Änderung der Nachfrage oder der Stückzahlrelation simulieren. In der Praxis geht eine Stückzahländerung in der Regel mit einer Losgrößenänderung einher. Das Planungssystem soll daher die Möglichkeit bieten, die Stückzahlen allein oder die Stückzahlen und die Losgrößen gleichzeitig zu variieren. In Abhängigkeit vom jeweiligen Planungsfall kann damit die Mengen-, Erweiterungs-, Anpaß- oder Produktflexibilität beurteilt werden. Die Analyseergebnisse werden in Grafiken dargestellt, wobei der Nettobarwert der Kosten über dem Sensitivitätsparameter, hier z.B. den Stückzahlen, aufgetragen wird.

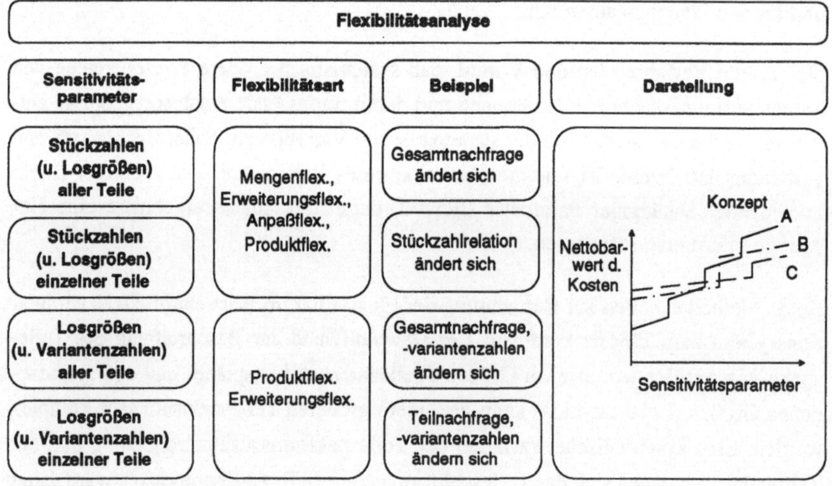

Bild 7-16:   *Flexibilitätsanalyse*

Ferner können die Wirkungen von Losgrößenveränderungen für einzelne oder alle Teile auf die Wirtschaftlichkeit der Fertigungssysteme untersucht werden. Die Losgrößenveränderungen können aus Losgrößenschwankungen resultieren, verursacht durch die Gegebenheiten des Marktes oder des Unternehmens, aber auch durch Zunahme der Variantenzahlen. Da bei zunehmenden Variantenzahlen zusätzliche Kosten für Vorrichtungen etc. entstehen, die bei reinen Losgrößenveränderungen nicht anfallen, soll der Planer beide Fälle getrennt behandeln können. Sie sollen allerdings im gleichen Analysemodul realisiert werden, weil beide Analysefälle auf ähnlichen Grundlagen beruhen und beide die Produktflexibilität von Fertigungssystemen beschreiben. Wenn durch die zusätzlichen Rüst- und Einfahrzeiten bei Losgrößensteigerungen weitere Maschinen erforderlich werden, können auch Aussagen über die Erweiterungsflexibilität getroffen werden.

Die Kurvenverläufe der Flexibilitätsanalysen erlauben eine Interpretation der Eignung der Fertigungssysteme für bestimmte Flexibilitätsanforderungen. Beim Vergleich der alternativen Systeme lassen sich für jeden Parameterbereich die wirtschaftlich am besten geeigneten Systeme ermitteln. Ferner können Aussagen über die Auslastung der Maschinen und die wirtschaftlichen Wirkungen technischer Details getroffen werden.

Im Bild 7-17 ist beispielhaft eine Stückzahlvariation für Großserienstückzahlen von 160.000 Stück/ Jahr bei 4 Varianten für ein Fertigungssystem mit durch Roboter verketteten Bearbeitungszentren und für eine Rundtaktmaschine dargestellt. Es werden die Nettobarwerte der Kosten in Abhängigkeit von den variierten Stückzahlen aufgetragen. In diesem Beispiel ist zu erkennen, daß das Bearbeitungszentrenkonzept im unteren Stückzahlbereich wirtschaftlicher als das Rundtaktmaschinenkonzept ist. Die Rundtaktmaschine nähert sich dann mit zunehmender Stückzahl und wird bei ihrer Auslegungsstückzahl (ca. 160.000 Stück/ Jahr) günstiger. Wenn die maximale Kapazität der ersten Rundtaktmaschine erreicht ist, muß in eine zweite investiert werden. Dieser Vorgang ist an dem Kostensprung bei 160.000 Stück zu sehen. Die zweite Rundtaktmaschine ist dann zunächst schlecht ausgelastet, wodurch das Gesamtkonzept teurer als die Bearbeitungszentren wird. Erst mit steigender Stückzahl wird die Auslastung besser und das Sondermaschinenkonzept wieder wirtschaftlicher. Die Kostensprünge für die roboterbeschickten Bearbeitungszentren sind wegen der

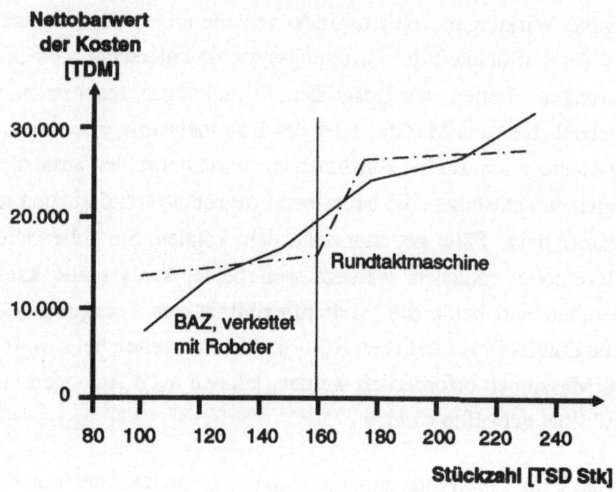

Bild 7-17:   *Beispiel einer Flexibilitätsanalyse für roboterverkettete Bearbeitungs-*
               zentren sowie Rundtaktmaschinen

geringeren Investitionen niedriger und treten aufgrund der niedrigeren Kapazitäten häufiger auf.

Aus diesem Analysebeispiel kann der Planer für jeden Stückzahlbereich die wirtschaftlichsten Fertigungssysteme ersehen. Die Analyse zeigt, daß beide Fertigungskonzepte wirtschaftlich sehr nahe beieinander liegen und die Rundtaktmaschine nur wirtschaftlich günstiger ist, wenn sie kapazitiv voll genutzt werden kann. Wenn die zu produzierenden Stückzahlen während des Betrachtungszeitraums sinken, kann das Fertigungssystem mit den roboterbeschickten Bearbeitungszentren wirtschaftlicher werden. Mit der Flexibilitätsanalyse konnte in diesem Beispiel daher ein Investitionsentscheidungsrisiko bei unsicheren Absatzzahlen dargestellt werden. Der Planer wird beide Konzepte in der weiteren Planung detaillierter analysieren müssen.

Im Rahmen der Wirtschaftlichkeitssimulation kann durch die Variation einiger weniger Einflußgrößen ein umfassendes Flexibilitätsbild der zu vergleichenden Systeme erstellt werden. Die Flexibilitätsanalyse gibt dem Planer die Möglichkeit, diejenigen Fertigungssysteme für die Feinplanung zu wählen, die für die individuellen Flexibilitätsanforderungen wirtschaftlich am besten geeignet sind.

7.6.4 Sensitivitätsanalyse

Im Sensitivitätsanalysemodul können die Wirkungen zweier Gruppen von Unsicherheitsfaktoren auf die Wirtschaftlichkeit von Fertigungssystemen untersucht werden. Das sind die Unsicherheiten der Teuerungsraten bei Kostensätzen sowie die Unsicherheiten, die bei der Festlegung der technischen Kenngrößen gemacht werden. Beispielsweise kann der Maschinenbedarf durch ungenaue Vorgabezeiten oder Nutzungsgrade falsch ermittelt worden sein, und die Wirkung des Fehlers mit diesem Hilfsmittel untersucht werden.

Die beiden Gruppen von Unsicherheitsfaktoren lassen sich gemeinsam in einem Sensitivitätsanalysemodul betrachten. Dazu werden die Kostenfaktoren gemäß der Struktur nach Bild 7-8 gegliedert und jeweils systematisch variiert. Die Sensitivitätsanalysen basieren dabei auf der Veränderung der in der Wirtschaftlichkeitsanalyse ermittelten Kostenanteile. Dadurch kann eine pauschale Aussage darüber getroffen werden, wie die Sensitivität der Wirtschaftlichkeit bezüglich der Produktionsfaktorengruppen (Bild 7-18) ist. Detaillierte Informationen über die Kostenwirksamkeit einzelner technischer Komponenten, wie beispielsweise der Zahl der Vorrichtungen, können dabei nicht gewonnen werden. Die Aussagen sind für die Betrachtungen der Grobplanung aber ausreichend.

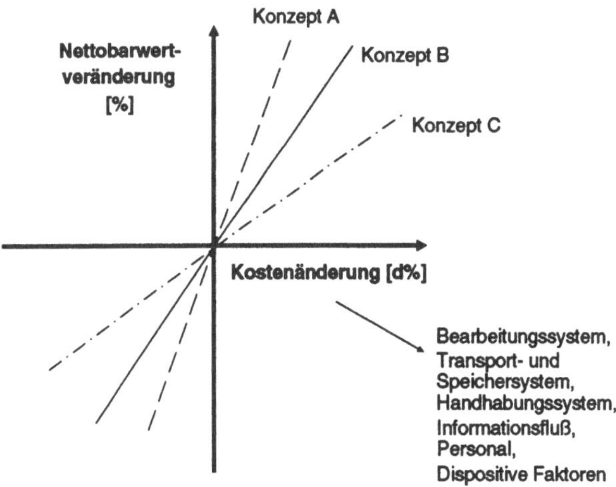

Bild 7-18: *Sensitivitätsanalyse bezüglich der Kostenanteile*

Wenn genauere Daten erforderlich sind, hat der Planer immer die Möglichkeit die technischen Ausgangsdaten der Investitionsrechnung zu variieren (Methode 1, Kap.7.6.3) und über neue Rechnungsläufe Detailinformationen zu erhalten. Im Kapitel 9 sind Beispiele für Sensitivitätsanalysen dargestellt.

8. Das Wirtschaftlichkeitssimulationssystem

8.1 Struktur des Planungssystems

Die theoretischen Grundlagen für die Realisierung der Wirtschaftlichkeitssimulation im Rahmen eines Grobplanungssystems wurden in den Kapiteln 5-7 abgeleitet. Hier soll die Umsetzung der Grundlagen in ein rechnerunterstütztes Planungssystem dargestellt werden.

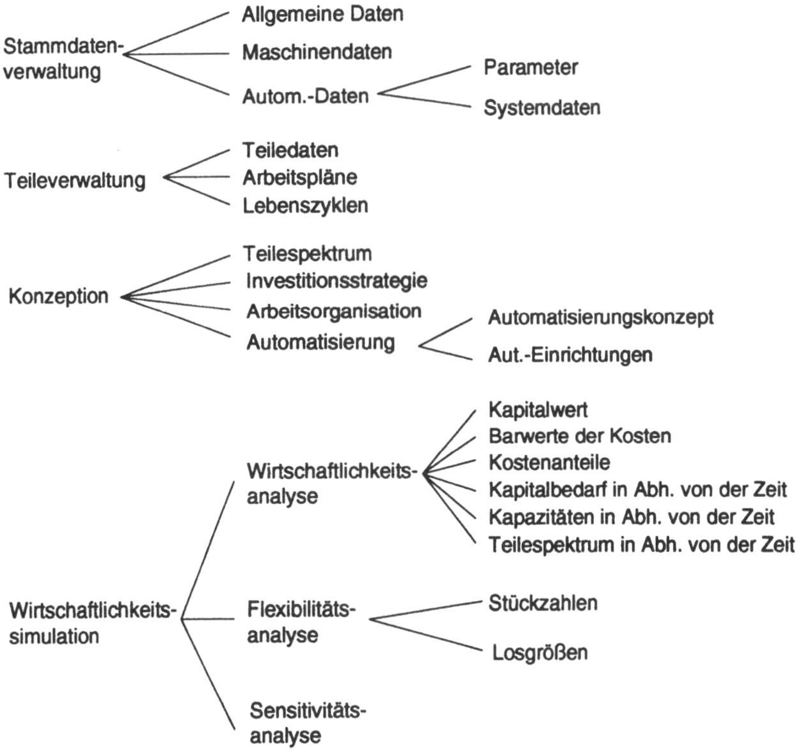

Bild 8-1:   *Die Programmodule des Wirtschaftlichkeitssimulationssystems*

In der Struktur des Planungssystems (vgl. Bild 8-1) spiegelt sich die systematische Problemlösungsmethode mit den Schritten Analyse, Konzeption und Bewertung wider (Kap. 3.1.1) Für die Analysephase stehen zwei Definitionsmodule zur Verfügung, mit denen die Planungseingangsdaten bestimmt werden können. Das Teileverwaltungsmodul dient zur Erfassung der projektabhängigen Daten (z.B. Lebenszyklen), das Stammdatenmodul zur Definition der projektunabhängigen Daten (z.B. Maschinendaten). Diese organisatorische Unterscheidung der Planungseingangsdaten macht Sinn, da die projektabhängigen Daten mit jedem neuen Planungsfall neu eingegeben werden müssen, während die projektunabhängigen Daten projektübergreifend genutzt werden können. Weiterhin steht je ein Programmteil zur Durchführung der Konzeptions- und der Simulationsaufgaben zur Verfügung. Die vier Grundbausteine verzweigen sich baumartig weiter in Untermodule, in denen jeweils die Funktionen der in den Kapitel 5-7 abgeleiteten Planungsaufgaben umgesetzt sind (Bild 8-1).

Das Steuermodul des Wirtschaftlichkeitssimulationssystems (vgl. Bild 8-2) realisiert die Ablaufkontrolle über das Gesamtprogramm und verknüpft die Einzelmodule miteinander. Das sind die Programmodule, die den einzelnen Datenbankfunktionen, Grafiken oder Berechnungsoperationen zugrunde liegen.

Der Planer wird interaktiv in den Programmablauf einbezogen und vom System geführt. Mit Ausnahme des Berechnungsteils erfordern alle Programmteile interaktive Dateneingaben, -prüfungen und -korrekturen, die durch eine entsprechende Bedienoberfläche in Form von Masken oder Grafiken unterstützt werden. Die Programme greifen auf eine Datenbank zu, in der alle Planungsdaten abgelegt werden. Die Interdependenzen zwischen dem Planer, den Programmodulen und der Datenbank sind im Bild 8-2 dargestellt.

Für das gestellte Anforderungsprofil an das Wirtschaftlichkeitssimulationssystem bietet sich der Einsatz eines leistungsfähigen Datenbanksystems an, das über geeignete Schnittstellen und Hilfsmittel verfügt. Die Wahl fiel auf das relationale Datenbanksystem INGRES. Die Datenbankapplikation wurde in der Programmiersprache C geschrieben. Das gewählte Datenbanksystem verfügt über ein Grafikpaket, das zur Dokumentation der Ergebnisse eingesetzt werden soll.

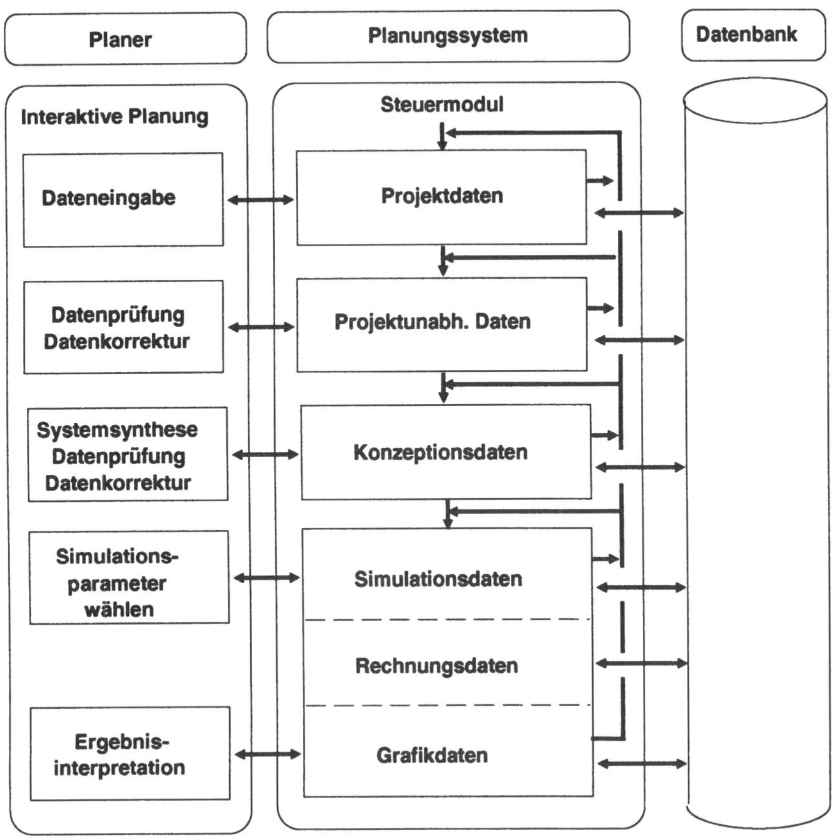

Bild 8-2:   *Interdependenzen zwischen Planer, Planungssystem und Datenbank*

8.2 Funktionalität der Programmodule

8.2.1 Definitionsmodule

Ein Planungsvorgang beginnt mit dem Anlegen eines Planungsprojektes, innerhalb dessen alle Daten definiert und Simulationsläufe durchgeführt werden. Im Rahmen eines Projektes werden zunächst die Planungseingangsdaten definiert. Die projektbezogenen Eingangsdaten setzen sich aus den Teiledaten, den Lebenszyklen und den Grobarbeitsplänen zusammen, die in entsprechenden Programmteilen definiert werden können.

Arbeitsplanerstellung

Projekt: Geh.-Fertigung
Teil: Geh1S
Arbeitsplan: BAZ 1

AFO	MGRP	TB	TWSW	ZM	TV	TR/L	TE/L	TWZT/L	TRE	Beschreib.
1	BAZ 1	10,8	2	4	0	60	20	0	180	4 - spindel.
2	BAZ 1	13,5	2	4	0	60	30	0	180	4 - spindel.
3	BAZ 1	9	2	4	0	60	20	0	180	4 - spindel.

Info (F11)   Insert (F12)   Save (Do)   Delete (F14)   Copy (F17)

Bild 8-3:   *Maske zur Definition der Grobarbeitspläne*

Es ist wichtig, zunächst die Teiledaten mit dem Teilenamen festzulegen, da die Lebenszyklen und Grobarbeitspläne über den Teilenamen miteinander verknüpft werden. Zu den Teildaten gehören die Teilebeschreibung, die Außenmaße, das Gewicht und der Werkstoff. Die Produktlebenskurven legen die Zeit- und Mengenangaben fest. Zur Definition einer Produktlebenskurve gehören die Start- und Endzeitpunkte der Fertigung sowie die zu fertigenden Stückzahlen (vgl. Kap. 5). Die Losgrößen können vom Automatisierungskonzept abhängen und werden daher dort festgelegt.

Die Grobarbeitspläne enthalten die zur Fertigung eines Teils erforderlichen Arbeitsfolgen. Im Bild 8-3 ist die Maske zur Definition der Arbeitspläne dargestellt. In jeder Arbeitsfolge wird die einzusetzende Werkzeugmaschine definiert. Dazu kann sich der Planer die in der Datenbasis abgelegten Maschinen in einer pop-up-Maske anzeigen lassen und die gewünschte auswählen. Falls die erforderliche Maschine noch nicht definiert ist, muß dies gegebenenfalls nachgeholt werden. Die Daten einer Arbeitsfolge werden durch die Angabe der personalbezogenen Vorgabezeiten komplettiert (vgl. Kap. 5.4).

Daten der Automatisierungseinrichtungen

Modul: Palettenspeicher
Symbol: Pal

Einmalige Kosten für die Module einer Maschine		Technische Daten:	
Anschaffungskosten [DM]:	210.000	Zahl der Speichermodule/ Masch.:	4
Restwert [DM]:	0	Verkettbare Maschinen:	5
Zusätzliche Kosten für jede weitere Maschine:		Techn. Lebensdauer [a]:	10
		Leistung kW]:	2
Erweiterungskosten [DM]:	65.000	Fläche je Maschine [m²]:	15
Peripheriekosten [DM]:	0		
Restwert [DM]:	0		
Personalbedarf bezogen auf Belegungszeit:			
Faktor für Bediener:	0,25		
Faktor für Einrichter:	0,25		

Info (F11)   Insert (Do)   Print (F13)   Help (Help)   End (PF3)

Bild 8-4:   *Datensätze eines Palettenspeichers*

Neben der Definition der Projektdaten sind beim Anlegen eines neuen Projekts die projektunabhängigen Daten zu überprüfen. Das sind die allgemeinen Daten sowie die Daten der Maschinen und Automatisierungseinrichtungen. Die allgemeinen Daten enthalten alle projekt- und konzeptübergreifenden Größen. Dazu gehören die Kostensätze für Energie, Raum, Instandhaltung, Personal etc.. Die Daten der Maschinen und Automatisierungseinrichtungen enthalten technische und wirtschaftliche Größen. Im Bild 8-4 sind beispielhaft die Kenngrößen eines Palettenspeichers für ein Flexibles Fertigungssystem dargestellt. Die Anschaffungssumme setzt sich aus einer Grundinvestition mit Steuerung etc. für die Beschickung einer Maschine sowie den Zusatzinvestitionen für die Anbindung jeder weiteren Maschinen zusammen. Im Beispiel sollen maximal fünf Maschinen miteinander verkettet werden, wobei für jede Maschine vier Palettenspeicherplätze vorgesehen werden.

8.2.2　Konzeptionsmodul

Im Rahmen des Konzeptionsmoduls können alternative Fertigungskonzepte erstellt und entwickelt werden. Die Fertigungskonzepte müssen näher spezifiziert werden. Im Bild 8-5 ist die konzeptionelle Vorgehensweise mit dem Wirtschaftlichkeitssimulationssystem dargestellt.

Zunächst wird aus den in den Planungseingangsdaten konzeptneutral definierten Teilen das Teilespektrum bestimmt, das mit den jeweiligen Fertigungskonzepten bearbeitet werden soll. Dieser Planungsschritt erfolgt im Programmteil "Teilespektrum". Im

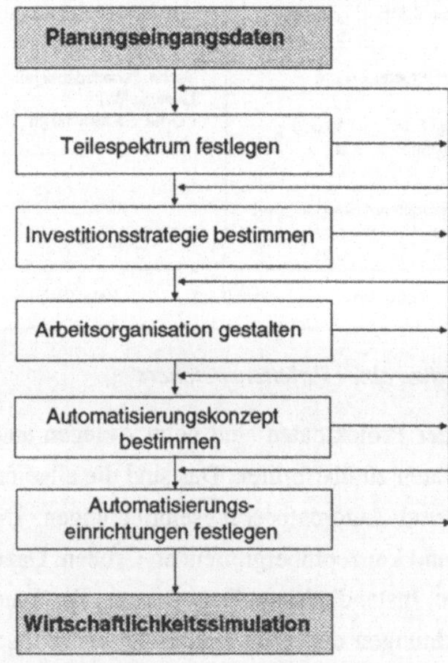

Bild 8-5:　　　*Vorgehensweise bei der Konzeption mit dem Wirtschaftlichkeitssimulationssystem*

Festlegung der Arbeitsorganisation

Projekt:	Geh.-Fertigung	Arbeitsplan:	1	Periode:	3
Konzept:	1	Stückzahl:	100%	Monat:	1
Teil:	Geh1S			Jahr:	1993

Arbeitsfolge	St.-Aufteil.	AE1	AE2	AE3	AE4	AE5	AE6	AE7	AE8	AE9	AE10
1	100	100	0	0	0	0	0	0	0	0	0
2	100	100	0	0	0	0	0	0	0	0	0
3	100	80	20	0	0	0	0	0	0	0	0

Info (F11)   Next Step (F12)   Prev Step (F13)   Insert (F14)   Help (Help)

Bild 8-6: *Bestimmung der Arbeitsorganisation durch Zuordnung der Arbeitsinhalte und Stückzahlverteilungen zu den Automatisierungseinheiten*

Anschluß müssen für jedes Konzept die in Kap.6 abgeleiteten Größen festgelegt werden. Als erstes wird die Investitionsstrategie bestimmt. Das Planungssystem errechnet den Betriebsmittelbedarf während der Simulation zeitabhängig automatisch aus dem festgelegten Teilespektrum und der Arbeitsorganisation. Nur wenn die Betriebsmittel zeitlich versetzt zu den aus dem Teilespektrum errechneten Kapazitäten angeschafft werden, muß der Planer den Investitionszeitpunkt gesondert definieren.

Der nächste Planungsschritt ist die Festlegung der Arbeitsorganisation. Der Planer muß für jedes Teil eines Konzepts die Arbeitspläne mit den dazugehörigen Stückzahlen bestimmen, nach denen gefertigt werden soll. Diese kann er dann verschiedenen Automatisierungseinheiten zuordnen (vgl. Kap 6.4). Er hat die Möglichkeit, die Arbeitsorganisation für jede Periode des Betrachtungszeitraums unterschiedlich zu gestalten, wodurch alle zeitabhängigen Veränderungen des Teilespektrums oder der Fertigungseinrichtungen berücksichtigt werden können.

Im Bild 8-6 ist die Maske zur Definition der Arbeitsorganisation dargestellt. In diesem sehr einfachen Beispiel soll das Gehäuse Geh1S mit der gesamten Jahresstückzahl (100%) nach dem Arbeitsplan 1 gefertigt werden. Die ersten beiden Arbeitsfolgen (AFO) werden dabei mit der gesamten Stückzahl (100%) auf einem Flexiblen Fertigungssystem in der Automatisierungseinheit 1 (AE 1) bearbeitet. Die Arbeitsfolge 3 soll bei 20% der Teile in der Automatisierungseinheit 2, z.B. auf unverketteten Bearbeitungszentren gefertigt werden. Das Planungssystem erlaubt die Fertigung eines Teils in einer Periode gleichzeitig nach verschiedenen Arbeitsplänen und in verschiedenen Automatisierungseinheiten. Die Automatisierungseinheiten können zu Organisationseinheiten zusammengefaßt werden. Dadurch lassen sich Strategien, wie z.B. die Erweiterung eines bestehenden Systems durch unterschiedlich automatisierte und organisierte Maschinen, die Fertigung kleinerer Lose auf anderen Maschinen als große Lose etc., arbeitsorganisatorisch abbilden.

Nachdem über die Arbeitsorganisation die Arbeitsinhalte der Automatisierungseinheiten mit ihren Maschinen definiert wurden, kann die Automatisierung der Einheiten bestimmt werden. Dazu hat der Planer die Möglichkeit jeder Automatisierungseinheit ein Automatisierungskonzept zuzuordnen (z.B. unverkettete Bearbeitungszentren, nach Kap. 6.3.3). Das Automatisierungskonzept sagt zunächst noch nichts über die einzusetzenden material- und informationsflußtechnischen Betriebsmittel aus, so daß diese im letzten Planungsschritt zu bestimmen sind.

Gemäß der beispielhaft dargestellten Vorgehensweise, sind die Daten aller alternativen Fertigungskonzepte in einem Planungsprojekt zu spezifizieren. Das Planungssystem überprüft dabei bei jeder Entscheidung oder Datendefinition eines Planungsschritts die Vollständigkeit der Daten, die für den Planungsschritt erforderlich sind und weist den Planer bei Fehlern darauf hin. Dadurch werden Planungsfehler frühzeitig erkannt und schwer zu identifizierende Fehler während der Simulation vermieden.

8.2.3   Wirtschaftlichkeitssimulationsmodul

Nach der Konzeption alternativer Fertigungssysteme können diese im Rahmen der Wirtschaftlichkeitssimulation bewertet und miteinander verglichen werden.

Für den Bewertungsablauf und die Ergebnisinterpretation ergibt sich dabei die in der Darstellung 8-7 gezeigte Vorgehensweise. Dem Planer stehen die Bewertungsverfahren der Wirtschaftlichkeits-, der Flexibilitäts- und der Sensitivitätsanalyse zur Verfü-

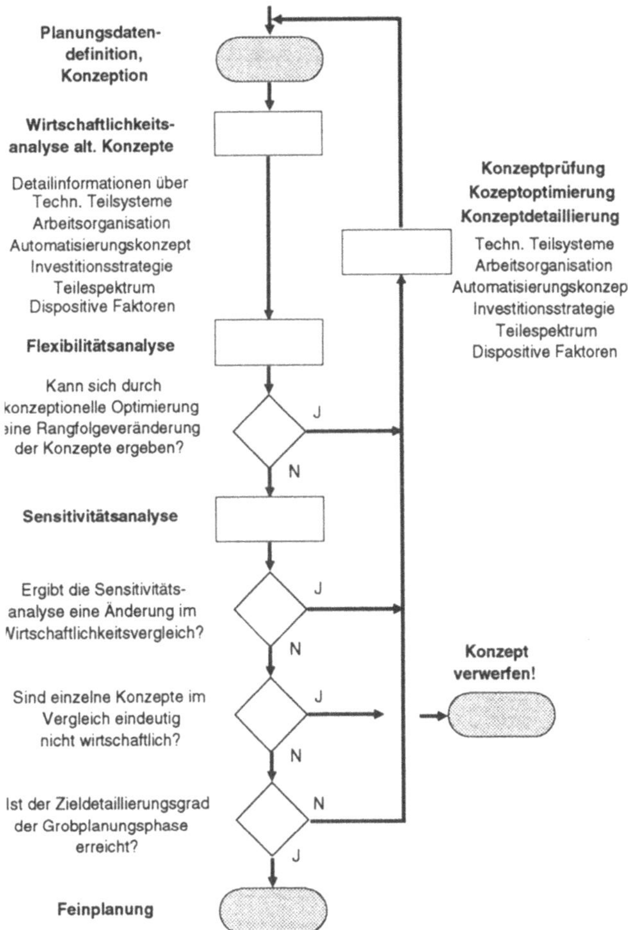

Bild 8-7:   *Planungsablauf bei der Wirtschaftlichkeitssimualtion*

gung (vgl. Kap 7.6), die in dieser Reihenfolge eingesetzt werden sollten. Nach der Durchführung der drei Analyseschritte liegen ausreichend genaue Wirtschaftlichkeitsinformationen vor, so daß einzelne Konzepte verworfen und andere in Teilaspekten weiter detailliert und optimiert werden können.

Wenn die Detaillierungsphase erreicht ist, wo mit der Methode der Wirtschaftlichkeitssimulation aufgrund der konzeptbedingt erforderlichen wirtschaftlichen Annahmen keine Verbesserung der Ergebnisse mehr erzielt werden kann, sollten die Planungsergebnisse an die Feinplanung weitergegeben werden. Dort können mit vorwiegend technisch orientierten Planungshilfsmitteln, wie beispielsweise der Ablaufsimulation, die Konzepte weiter detailliert werden.

Die Ergebnisse der Simulationsläufe werden in Grafiken dargestellt. In der Wirtschaftlichkeitsanalyse können dabei je nach eingesetztem Bewertungsmodul Kosten, Teilestückzahlen oder Maschinenkapazitäten in Abhängigkeit von der Zeit oder von Kostenfaktoren dargestellt sein. Die Flexibilitätsanalysen ergeben Nettobarwerte der Kosten in Abhängigkeit von den Stückzahlen oder Losgrößen. Im Bild 8-8 ist der Kapitalbedarf in Abhängigkeit von der Zeit für verschiedene alternative Fertigungssysteme im Vergleich dargestellt. In den Kapitel 7 und 9 sind einige weitere Beispiele mit entsprechenden Interpretationen angeführt.

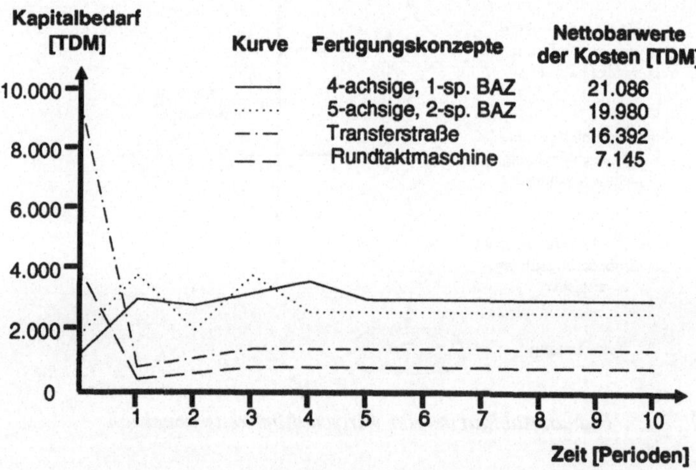

Bild 8-8:   *Beispiel einer Kapitalbedarfsgrafik*

9. Anwendungsbeispiel für die Wirtschaftlichkeitssimulation

9.1 Planungsaufgabe

Im folgenden sollen die Einsatzmöglichkeiten des Wirtschaftlichkeitssimulationssystems an Hand eines Planungsbeispiels verdeutlicht werden.

In Zusammenarbeit mit einem Unternehmen aus der Zulieferindustrie soll untersucht werden, ob die bisher im Unternehmen vorwiegend eingesetzten Sondermaschinen durch flexiblere Fertigungseinrichtungen ersetzt werden können. Die Fragestellung ergibt sich mit der Einführung neuer Produkte. Der Hintergrund dieser Untersuchungen sind die auch in der Mittel- und Großserienproduktion steigenden Variantenzahlen.

Die Grundlage der Planung bildet eine Gehäusefamilie. Die Eckwerte der Teilefamilie sind im Bild 9-1 dargestellt. Es wird zunächst von vier zu produzierenden Varianten mit einer Gesamtjahresstückzahl von 160.000 Stück ausgegangen. Aufgrund der Unsicherheiten sollen bis zu 40 Varianten in der Rechnung berücksichtigt werden. Die Stückzahlen sind in einem Bereich zwischen 80.000 und 240.000 Stück/ Jahr zu untersuchen. Der Betrachtungshorizont soll 10 Jahre betragen. Mit dem Ablöseprodukt wird nach 6 bis 10 Jahren gerechnet.

Teilefamilie	Var.-zahl	Stückzahl pro Jahr	Ablöse-produkt	Anlauf-phase	Maße [mm]			Gew. [kg]	Werkstoff
					X	Y	Z		
Teilefamilie 1	4-40	80.000 - 240.000	6 - 10 Jahre	2 Jahre	180	130	170	3,87	GG-220 HB

Bild 9-1:   *Teilefamilie aus der Großserienproduktion*

Es werden Rundtaktmaschinen und flexible Transferstraßen untersucht, die für einen langfristigen jährlichen Bedarf von 160.000 Gehäusen ausgelegt sind. Die Rundtaktmaschinen werden in einer 8-Stationen-Bauweise ausgeführt und speziell an die Bearbeitungsaufgabe angepaßt. Dadurch sind die Investitionen niedrig. Die Rundtaktmaschinen sind ausreichend flexibel, um die bekannten Varianten fertigen zu können. Eine spätere Anpassung an das Ablöseprodukt kann jedoch nicht sichergestellt werden. Die Transferstraße wird mit insgesamt 20 Stationen konzipiert, von denen 14 Stationen Bearbeitungsstationen mit teilweise beidseitiger Bearbeitung sind. Durch den Einsatz von NC-Technologie und entsprechender Kinematik steigt die Anpassungsfähigkeit an ein geändertes Teilespektrum gegenüber den starren Rundtaktmaschinen.

MGR	AFO	Bearb. zeit [min]	Zahl der in 1 Aufsp. gef. Teile	WST-Wechs.-zeit [min]	WZG-Tausch-zeit [min]	Rüst-zeit [min]	Einfahr-zeit [min]	einmal. Rüst-/ Einfahr-zeit [min]
BAZ 4-achsig 1-spind.	1	10,8	4	8	20	60	20	120
	2	13,5	4	8	20	60	30	120
	3	9	4	8	20	60	20	120
BAZ 5-achsig, 2-spind.	1	24,24	4	8	40	80	60	180
Transfer-straße	20	1,07	1	0,13	50	120	120	300
Rundtakt-maschine	7	1,15	1	0,05	90	180	120	500

Bild 9-2:   *Vorgabezeiten für die alternativen Fertigungskonzepte*

In die Untersuchung kommen ferner 4-achsige, 1-spindelige Bearbeitungszentren sowie 5-achsige, 2-spindelige Bearbeitungszentren, die für die Fertigung hoher Stückzahlen ausgelegt sind. Die Maschinen können in unterschiedliche Automatisierungskonzepte integriert werden. Es werden unverkettete Maschinen, Flexible Fertigungszellen und Flexible Fertigungssysteme untersucht, die mit Robotern oder Palettenspeichersystemen verkettet sein können.

Im Bild 9-2 sind die Vorgabezeiten der Arbeitspläne aller Konzepte dargestellt, die in Zusammenarbeit mit verschiedenen Werkzeugmaschinenherstellern erstellt wurden. Insbesondere die Rüst- und Einfahrzeiten der Sondermaschinen werden gegenüber den Bearbeitungszentren höher angesetzt. Die Rüst- und Einfahrzeiten bei den flexiblen Transferstraßen liegen im Vergleich zu den Rundtaktmaschinen niedriger. Bei der Transferstraße wird davon ausgegangen, daß die Zeiten je Bearbeitungsstation durch die NC-Technologie niederiger sind und die Rüstvorgänge von 2 Einrichtern parallel ausgeführt werden.

Im Bild 9-3 sind einige wichtige Kostensätze dargestellt, die den Wirtschaftlichkeitssimulationen zugrunde liegen. Die mit Palettenspeichern verketteten Flexiblen Fertigungssysteme bestehen aus bis zu 6 Werkzeugmaschinen. Die roboterbeschickten Systeme sollen aus Verfügbarkeitsgründen maximal 2 Maschinen enthalten. Die Maschinenanschaffungskosten sind bei den Sondermaschinen entsprechend höher als bei den Einzelmaschinen mit geringer Kapazität. Die Vorrichtungen der Rundtaktmaschinen sind komplexe Sonderausführungen, die in der Anschaffung entsprechend hoch angesetzt werden müssen. Die Transferstraßen erfordern ebenfalls Sondervorrichtungen, die aber einfacher aufgebaut sind und aufgrund der hohen Stückzahlen billiger werden. Bei den flexiblen Fertigungseinrichtungen werden umrüstbare Spannsysteme eingesetzt. Die Kosten für die flexible Verkettung ergeben sich aus den Aufwendungen entweder für Roboter oder für Palettenspeicher.

Die Kosten für die Fertigungssteuerung fallen bei den Flexiblen Fertigungssystemen einmalig durch die Investition in entsprechende Hard- und Software an. Die Bedienung soll vom Stammpersonal durchgeführt werden, so daß keine laufenden Kosten mehr anfallen. Das gleiche gilt für die Werkzeug- und Vorrichtungsbereitstellung, die vom Systempersonal dezentral erledigt wird. Bei den anderen Konzepten werden pauschale Kostensätze für die zentrale Bereitstellung angesetzt. Die Schulung ist bei den komplexen, verketteten System entsprechend höher als bei den unverketteten

Werkzeugmaschinen. Für die übrigen Kostenfaktoren aus Bild 7-8 wird angenommen, daß sie bei der zu untersuchenden Problemstellung aus der Großserienproduktion keine wirtschaftlichen Unterschiede der alternativen Fertigungskonzepte bewirken. Da die Zahl der Arbeitsfolgen bei den Teilen sehr gering ist, sind keine nennenswerten Durchlaufzeitreduzierungen bei den verketteten gegenüber den unverketteten Systemen zu erwarten. Dieser Faktor soll daher vernachlässigt werden. Die Erlöse konnten für die Gehäuseteile nicht ermittelt werden, so daß für die Untersuchungen das relative Investitionsrechnungsmodell herangezogen wird (vgl. Kap. 7.5.2).

Kostenfaktoren		Einheit	Kostensätze für die Systeme							
			BAZ 4-A	BAZ 5-A 2-sp.	FFZ Pal.	FFZ Rob.	FFS Pal.	FFS Rob.	Transf.	Rundt.
Masch.-Zahl bei verkett. Systemen		[Stk]	1	1	1	1	6	2	14	7
Maschinen-anschaffungsk.		[TDM/Masch.]	651	1247	651	651	651	651	6980	3225
Vorrichtungs-anschaffungsk.		[TDM/Vor.]	50	50	50	50	50	50	30	60
Verkettung je System		[TDM/System]	—	—	250	280	810	490	60	60
Fertigungs-steuerung	einm.	[TDM/System]	—	—	—	—	130	100	—	—
	konti.	[TDM/Masch.*a]	10	10	10	10	—	—	20	20
Werkzeug-bereitstellung		[TDM/Los u. M.]	0,1	0,2	0,1	0,1	—	—	0,5	0,5
Vorrichtungs-bereitstellung		[TDM/Los u. M.]	0,1	0,2	0,2	0,1	—	—	0,7	0,5
Schulung		[TDM/Masch.typ]	10	10	20	20	50	50	50	50

Bild 9-3:   *Kostensätze der Wirtschaftlichkeitssimulation*

9.2 Ergebnisse der Wirtschaftlichkeitssimulation

In der Wirtschaftlichkeitssimulation soll untersucht werden, welche Fertigungskonzepte in Abhängigkeit von den Produktionsaufgaben am wirtschaftlichsten fertigen. Die Ergebnisse der Analysen sind im folgenden dargestellt.

Zunächst soll das Produktionsprogramm zugrunde gelegt werden, bei dem das Ablöseprodukt nach 10 Jahren eingeführt wird. Da die technische Lebensdauer der Fertigungssysteme ebenfalls 10 Jahre beträgt, ist nur die Gehäusefamilie 1 zu untersuchen (Bild 9-4 links oben). Im Bild 9-4 werden die Sondermaschinen sowie die roboterbeschickten Fertigungszellen und Fertigungssysteme miteinander verglichen. Es sind das Teilespektrum, der zeitabhängige Kapitalbedarf sowie die Wirtschaftlichkeitsdaten für die Stückzahlen- und Variantenzahlenvariationen zusammengestellt.

In der Kapitalbedarfsanalyse spiegeln sich die hohen Anfangsinvestitionen der Sondermaschinen in der ersten Rechnungsperiode wider. Die Sondermaschinen werden von Anfang an auf den Gesamtbedarf von 160.000 stück/ Jahr ausgelegt, d.h. in der 2-jährigen Anlaufphase der Gehäusefamilien fallen keine weiteren Investitionskosten an. Die Betriebskosten sind bei den Sondermaschinen im Vergleich zu den flexiblen Konzepten sehr gering.

Die roboterbeschickten Zellen und Systeme können dagegen während der Einführungsphase des Produkts dem Bedarf angepaßt und stufenweise angeschafft werden. Dadurch fallen nicht nur in der ersten Rechnungsperiode Investitionskosten an, sondern auch in der zweiten. Die Investitionen in Einzelmaschinen sind bei diesen Fertigungskonzepten deutlich geringer als bei den Sondermaschinen. Die laufenden Betriebskosten liegen in den nachfolgenden Rechnungsperioden dagegen etwas höher. Die Wirtschaftlichkeitsanalyse zeigt, daß die Barwerte der Kosten bei dieser Fertigungsaufgabe bei den Rundtaktmaschinen eindeutig geringer sind als bei den anderen Konzepten. Das höhere Flexibilitätspotential der flexiblen Konzepte kann hier wirtschaftlich nicht genutzt werden.

Im Rahmen der Flexibilitätsanalyse wird eine Stückzahlvariation zwischen 80.000 und 240.000 Stück/ Jahr durchgeführt (Bild 9-4 unten links). Die Grafiken zeigen, daß die Flexiblen Zellen und Systeme im unteren Stückzahlbereich am wirtschaftlichsten arbeiten. Die Sondermaschinen sind für eine Jahresstückzahl von 160.000 Stück

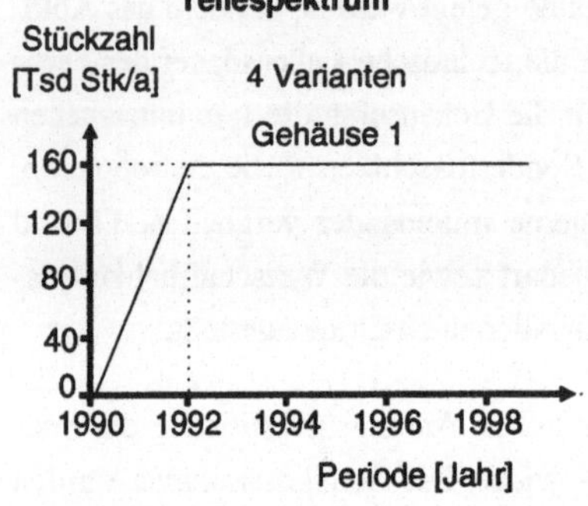

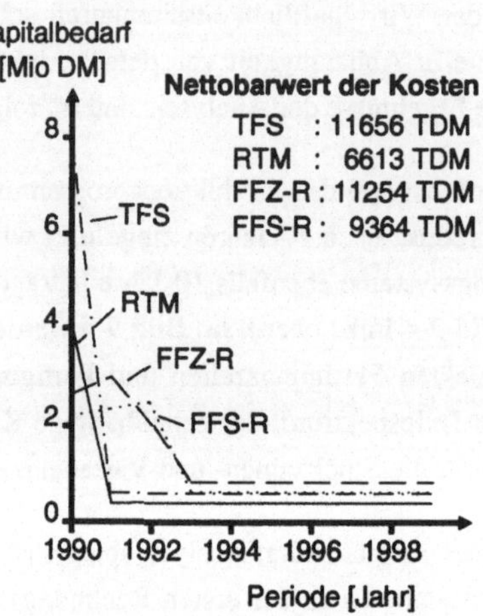

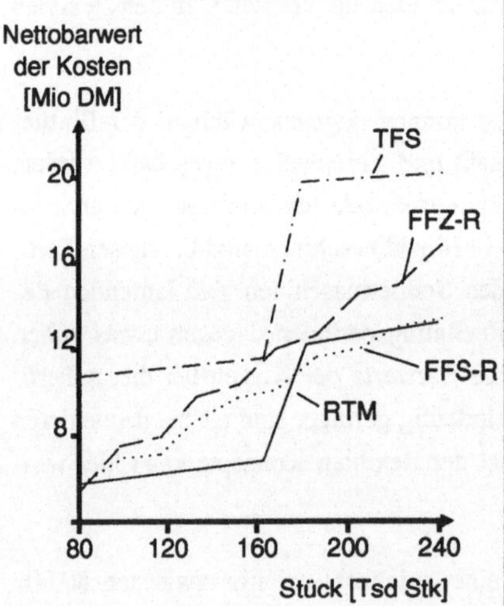

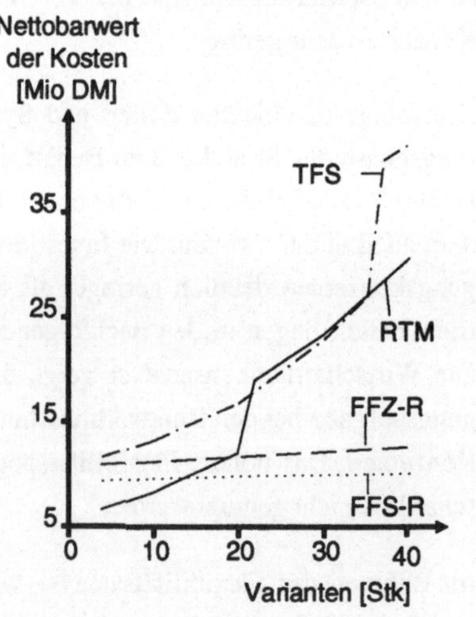

Bild 9-4: *Wirtschaftlichkeitskenndaten für Sondermaschinen und roboterverkettete Flexible Fertigungszellen und Flexible Fertigungssysteme*

ausgelegt, so daß sie an diesem Betriebspunkt kapazitiv am besten genutzt werden und damit am wirtschaftlichsten arbeiten. Die Rundtaktmaschine ist am Auslegungspunkt und auch im darunter liegenden Stückzahlbereich das wirtschaftlichste Fertigungskonzept. Es ist deutlich zu erkennen, daß die Sondermaschinen oberhalb der Auslegungsstückzahl einen Kostensprung machen. Die Sprünge resultieren aus der Investition in zusätzliche Maschinen, um die erforderlichen Kapazitäten bereitzustellen. Oberhalb der Kostensprünge sind die Sondermaschinen wieder kapazitiv schlecht ausgelastet, so daß die roboterverketteten Fertigungssysteme wirtschaftlicher werden. Aus der Stückzahlvariation kann bei der gestellten Aufgabe als Ergebnis gezogen werden, daß die Rundtaktmaschinen eindeutig vorteilhafter als die flexiblen Systeme sind, wenn sie kapazitiv gut genutzt werden können. Wenn im Laufe des Planungshorizonts mit größeren Stückzahlschwankungen oder -einbrüchen gerechnet werden muß, kann es sinnvoller sein, in flexible Konzepte zu investieren.

Die Variantenzahlvariationen (Bild 9-4 unten rechts) zeigen, daß die Rundtaktmaschinen nur eine begrenzete Umrüstflexibilität aufweisen. Wenn die Variantenzahlen sich erhöhen, steigen die Kosten, die aus den Investitionen in Vorrichtungen sowie den Umrüst- und Einfahrkosten resultieren, deutlich. Auf die flexiblen Fertigungskonzepte hat dies nur einen geringen Einfluß, da flexibel gespannt und umgerüstet werden kann. Bei einer Erhöhung der Variantenzahlen zeigen sich auch die Vorteile der flexiblen Transferstraßen, die sich durch die NC-Technologie gegenüber den Rundtaktmaschinen einfacher und billiger umrüsten lassen. Die Flexiblen Zellen und Systeme sind dennoch bei höheren Variantenzahlen und kleineren Losen eindeutig die wirtschaftlicheren Fertigungskonzepte.

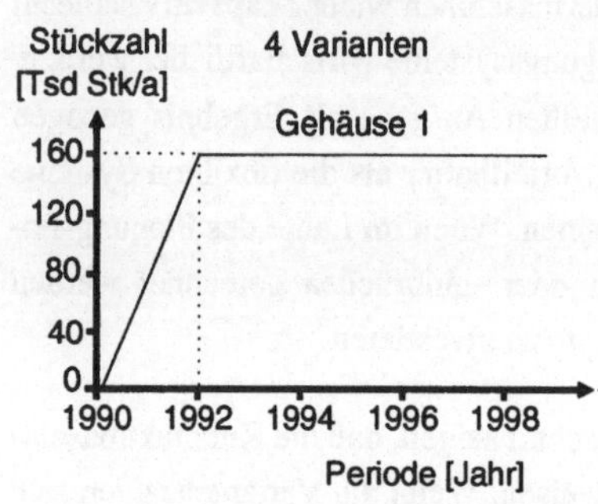

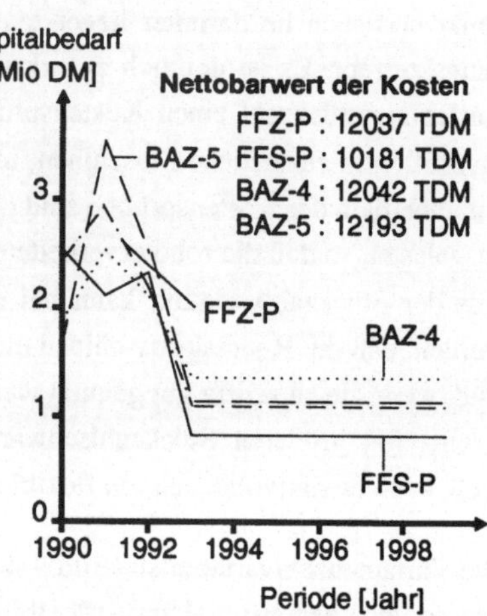

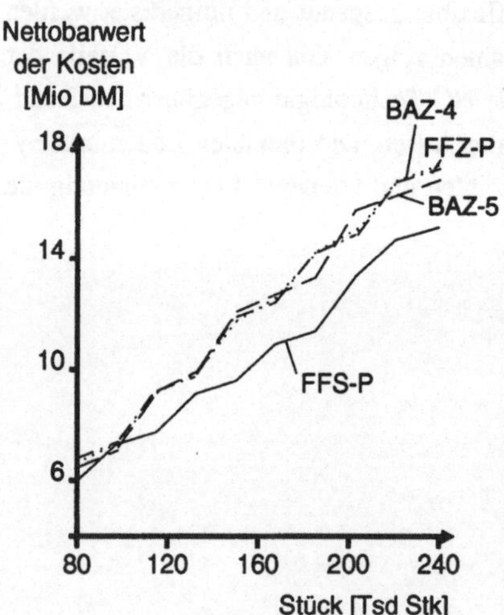

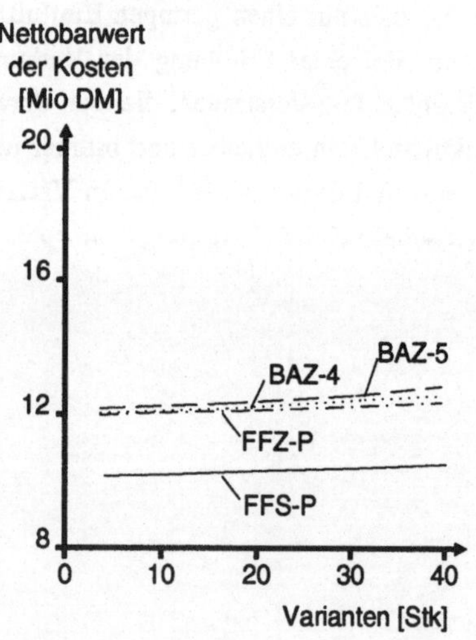

Bild 9-5: *Wirtschaftlichkeitskenndaten für unverkettete und mit Palettenspeichern verkettete Zellen und Systeme*

Im Bild 9-5 sind für die gleiche Produktionsaufgabe wie im Bild 9-4 die unverketteten sowie die mit Palettenspeichern verketteten Bearbeitungszentren miteinander verglichen. Die Interpretationen der Grafiken können gemäß den Beispielen aus Bild 9-4
erfolgen. Es ist zu erkennen, daß die unverketteten Bearbeitungszentren bei der gestellten Bearbeitungsaufgabe etwas unwirtschaftlicher fertigen als die mit Palleten-
speichern verketteten. Das Flexible Fertigungssystem ist am wirtschaftlichsten, obwohl einige Vorteile dieses Konzepts in diesem Beispiel gar nicht zum tragen kommen. Diese Systeme arbeiten bei bei der Fertigung von Teilen mit längeren Bearbeitungszeiten am wirtschaftlichsten, weil sie dann mannarm betrieben werden können.
Die hier betrachteten Teile haben sehr kurze Bearbeitungszeiten, so daß dieser Vorteil
nicht genutzt werden kann, und neben den Investitionskosten in die Palettenspeicher
auch erhebliche Personalkosten anfallen. Die Variantenzahlvariationen zeigen kaum
Unterschiede zwischen den Konzepten. Insgesamt sind die dargestellten Fertigungskonzepte, mit Ausnahme des FFS, alle etwas teurer als die Rundtaktmaschinen und
die roboterbeschickten Systeme (vgl. Bild 9-4), die für höhere Stückzahlen am besten
geeignet sind.

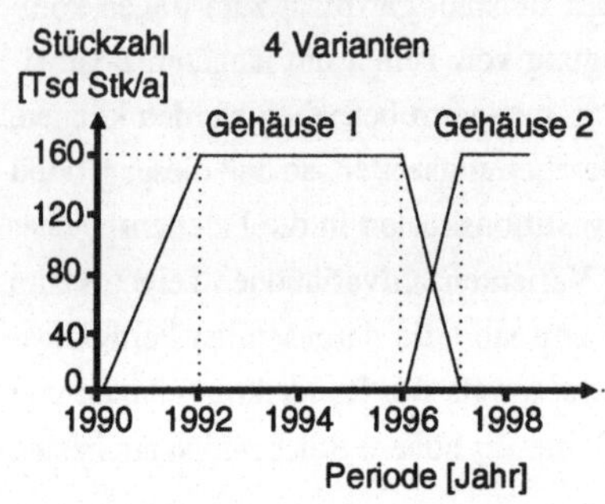

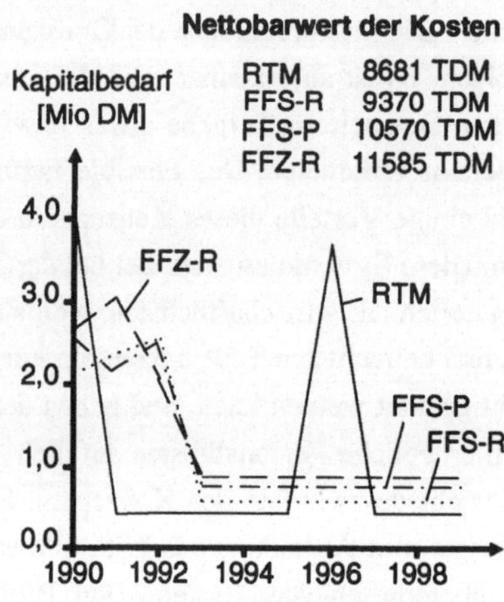

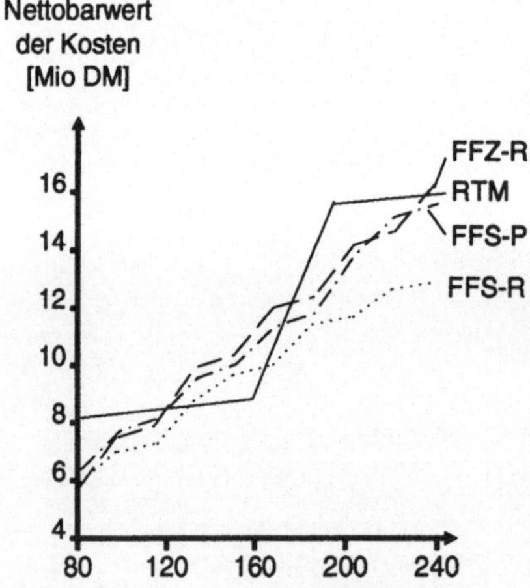

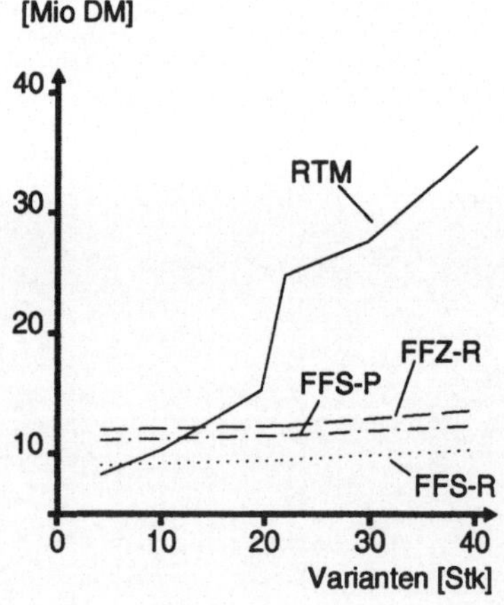

Bild 9-6: *Wirtschaftlichkeitskenndaten für die alternativen Fertigungskonzepte unter Berücksichtigung des Ablöseprodukts*

Gemäß der Unsicherheiten der Produktionsprogrammprognosen (vgl. Bild 9-1) ist im folgenden der Fall zu untersuchen, bei dem das Ablöseprodukt nicht nach 10 Jahren eingeführt wird, sondern nach 6 Jahren (Bild 9-6 oben links). Die weniger geeigneten Fertigungskonzepte aus den bisherigen Analysen werden nicht mehr betrachtet. Gegenübergestellt werden die Rundtaktmaschinen, die roboterbeschickten Zellen und Systeme sowie die Flexiblen Fertigungssysteme mit Palettenspeicher. Die Rundtaktmaschine ist ein starr automatisiertes Fertigungskonzept, bei dem angenommen werden muß, daß es nicht an die veränderte Bearbeitungsaufgabe angepaßt werden kann. Mit dem neuen Produkt soll daher in eine neue Rundtaktmaschine investiert werden. Dieser Vorgang kann deutlich der Kapitalbedarfsgrafik entnommen werden. Dort ist ein Kostensprung bei der Einführung des Ablöseprodukts zu erkennen. Die übrigen Fertigungskonzepte können flexibel angepaßt werden.

Die Flexibilitätsanalysen ergeben ähnliche Aussagen, wie die Interpretationen zum Bild 9-4. Es ist zu erkennen, daß durch die erforderlichen Investitionen bei den Sondermaschinen die Vorteile dieser Fertigungskonzepte auch im oberen Stückzahlbereich schwinden. Diese Tendenz wird durch die Variantenzahlvariation noch unterstützt. Wenn die gestellte Fertigungsaufgabe eintritt, sind die flexiblen Konzepte den Sondermaschinen vorzuziehen. Die roboterverketteten Fertigungssysteme schneiden in diesem Fall am besten ab.

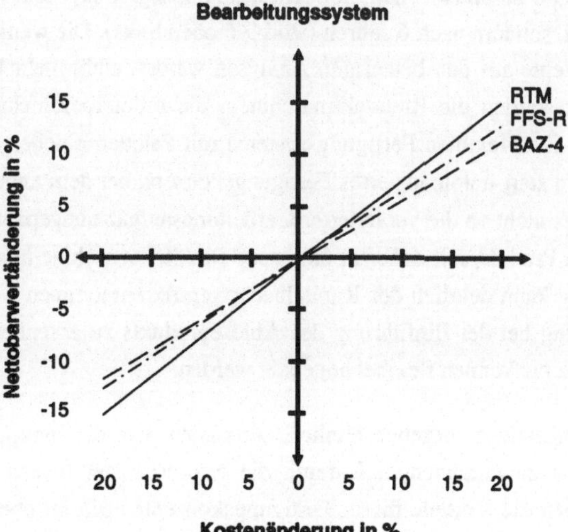

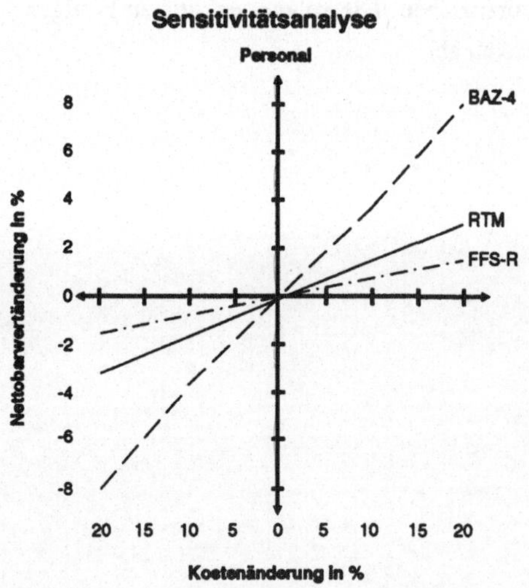

Bild 9-7: *Sensitivitätsanalysen für die Kosten des Personals und des Bearbeitungssystems*

Das Bild 9-7 zeigt die Sensitivitätsanalysen für die Rundtaktmaschinen, die unverketteten Bearbeitungszentren sowie für die roboterverketteten Maschinen. Es wird jeweils die Nettobarwertveränderung in Abhängigkeit von der veränderten Kostengröße aufgetragen. Die Sensitivitätsanalysen sind im Beispiel für die Kosten des Bearbeitungssystems und die Personalkosten aufgetragen.

Die Grafiken zeigen, daß sich die Maschineninvestitionen bei den Rundtaktmaschinen am stärksten auswirken. Insgesamt sind die Unterschiede zwischen den Konzepten aber gering, so daß sie vernachlässigt werden können. Die Personalkosten gehen bei den Bearbeitungszentren am stärksten ein, da dort die meisten manuellen Tätigkeiten anfallen. Wenn im Betrachtungszeitraum mit größeren Lohnkostenänderungen zu rechnen ist, oder wenn die Annahmen über den Personaleinsatz größere Fehler aufweisen können, ist dieser Aspekt bei der Planung zu berücksichtigen.

Mit dem Hilfsmittel der Wirtschaftlichkeitssimulation wurden in diesem Beispiel aus der Großserienfertigung die verschiedenen prognostizierten Entwicklungen des Produktionsprogramms simuliert und die Lösungsalternativen wirtschaftlich miteinander verglichen. Es konnte gezeigt werden, daß die Sondermaschinen bei hohen Stück- und niedrigen Variantenzahlen die wirtschaftlichsten Fertigungskonzepte sind. Steigen die Flexibilitätsanforderungen aber durch Veränderungen oder Schwankungen des Produktionsprogamms, werden die flexiblen Fertigungskonzepte zunehmend wirtschaftlicher.

Die Simulationsergebnisse zeigen auf, welche Bereiche der groben Produktionsprogrammprognosen für die Wirtschaftlichkeit der einzelnen Fertigungskonzepte kritisch sind. Die entscheidungsrelevanten Parameterkonstellationen sind damit bekannt und können nun die Grundlage für eine genauere Untersuchung der Produktionsprogrammprognosen hinsichtlich der kritischen Bereiche bilden. Das Hilfsmittel der Wirtschaftlichkeitssimulation ist damit ein wirkungsvolles Hilfsmittel zur Erhöhung der Sicherheit der Investitionsentscheidung.

10. Zusammenfassung

Die Planungsarbeit bei der Konzeption und Auslegung von Fertigungssystemen für eine individuelle Fertigungsaufgabe wird für den Planer zunehmend schwieriger. Die Lösungsvielfalt und die Komplexität der Fertigungssysteme nehmen durch die fortschreitende technische Entwicklung ständig zu. Der Planungsaufwand steigt. Andererseits nehmen die Anforderungen an die Planung zu. Der Markt unterliegt einem starken Wandel, der sich in größeren Variantenzahlen, kleineren Losgrößen und kürzeren Produktlebenszyklen äußert. Die Bearbeitungsaufgaben ändern sich während der Lebensdauer eines Fertigungssystems zunehmed stärker. Die Fertigungssysteme müssen häufig für Bearbeitungsaufgaben ausgelegt werden, die zum Zeitpunkt der Planung noch gar nicht oder nur zum Teil bekannt sind.

Aufgrund der hohen Investitionen, die heute mit Fertigungssystemen verbunden sind, kommt der Planungsqualität eine zunehmende Bedeutung zu. Es muß abhängig von den spezifischen Gegebenheiten eines Unternehmens diejenige Produktionsstrategie gefunden werden, mit der langfristig am wirtschaftlichsten gefertigt werden kann. Der frühen Grobplanungsphase kommt in diesem Zusammenhang eine besondere Bedeutung zu, weil sie die Grundlagen für die folgenden Planungsphasen festlegt, gleichzeitig aber auf Daten und Informationen zurückgreifen muß, die am wenigsten detailliert sind und der größten Unsicherheit unterliegen.

Bei dieser Problemstellung setzt die vorliegende Arbeit an. Es wurde eine Planungsmethodik und darauf aufbauend ein rechnergestütztes Planungssystem am Beispiel von spanenden Fertigungssystemen entwickelt, die zwei globale Zielsetzungen verfolgen. Zum einen soll der Planungsprozeß effizienter gestaltet werden, um schneller zu qualitativ hochwertigen Lösungen zu kommen. Es wurde eine Planungssystematik entworfen, die die ganzheitliche Grobplanung von Fertigungssystemen, insbesondere unter Einbezug der Automatisierung, der Arbeitsorganisation und der Investitionszeitpunkte, zum Ziel hat. Dazu gehört die Einteilung von Fertigungskonzepten und Betriebsmitteln für die in der Grobplanung relevanten Automatisierungs- und Flexibilitätslösungen. Die zweite Zielsetzung ist, die Fertigungssysteme auf eine langfristige Wirtschaftlichkeit auszulegen. In der Arbeit wurde das Verfahren der "Wirtschaftlichkeitssimulation" entwickelt, mit dem die relative Wirtschaftlichkeit alternativer Fertigungssysteme unter Berücksichtigung der zeitabhängig wechselnden Fertigungsaufgaben ermittelt werden kann.

Die Planungssystematik gliedert sich, in Anlehnung an die in der Literatur bekannten allgemeinen Planungsmethoden, in die Definitionsphase, die Konzeptions- und die Bewertungsphase. Sie beruht darauf, die Definitions- und Konzeptionsphase mit der Bewertungsphase enger zu verknüpfen. Es sollen im Sinne einer systematischen Vorgehensweise mit Näherungslösungen vom "Groben zum Feinen" eine große Zahl von Lösungsalternativen entwickelt werden und jeweils in der Bewertungsphase auf ihre Eignung für die gestellten Anforderungen untersucht werden können. Die Definitions-, Konzeptions- und Bewertungsphase werden in iterativen Schritten während der Planung dabei immer wieder durchlaufen, bis die am besten geeigneten Systeme bestimmt sind und an die Feinplanung weitergegeben werden können.

In der Definitionsphase werden die projektbezogenen Planungseingangsdaten definiert. Diese umfassen das Produktionsprogramm mit den Teiledaten, den Grobarbeitsplänen und den Mengen- und Zeitangaben. Die Grobarbeitspläne wurden so gestaltet, daß der Planer lediglich die personalbezogenen Vorgabezeiten zu ermitteln hat. Die maschinenbezogenen Zeiten werden abhängig vom jeweils zu untersuchenden Automatisierungskonzept aus den personalbezogenen Zeiten automatisch generiert. Die Mengen- und Zeitangaben erfolgen über Produktlebenszyklen. Die neben den projektbezogenen Parametern erforderlichen projektunabhängigen Daten sind in der Datenbasis des Planungssystems abgelegt, um die Datenrecherche zu minimieren.

In der Konzeptionsphase soll der Planer durch eine systematische ganzheitliche Vorgehensweise und durch die Bereitstellung von Daten unterstützt werden. Es wurden die möglichen Lösungen bei der Konzeption der Bearbeitungs-, Material- und Informationsflußsysteme, der Automatisierung, der Arbeitsorganisation und der Investitionsstrategie strukturiert. Die Konzeptionsmethodik basiert darauf, Fertigungssysteme in Automatisierungseinheiten zu gliedern. Diesen organisatorischen Einheiten können jeweils ein Automatisierungskonzept und verschiedene Betriebsmittel zugeordnet werden. Die Automatisierungskonzepte unterscheiden sich dabei durch die Art und den Umfang der Automatisierung. Sie bilden die Grundlage für die Modellbildung im Rahmen der Simulation. Der Planer kann bei der Nutzung des Wirtschaftlichkeitssimulationssystems auf die potentiellen Konzepte und die dazugehörigen Daten zurückgreifen und sie im jeweiligen Planungsprojekt umsetzen.

Die Wirtschaftlichkeitssimulation erfolgt im Bewertungsmodul des Planungssystems. Die Eingangsgrößen sind die in der Definitions- und Konzeptionsphase festgelegten technischnen, organisatorischen und zeitlichen Größen. Die Simulationsmodelle basieren auf den Automatisierungskonzepten, für die die Kosten- und Investitionsrechnungen je nach einem einheitlichen Schema durchgeführt werden können. Diese Rechnungen wurden für die verschiedenen Automatisierungskonzepte in Simulationsmodelle umgesetzt. Sie basieren auf ganzheitlichen Kostenmodellen und einem relativen dynamischen Investitionsrechnungsverfahren. Das Simulationsmodul beinhaltet die Möglichkeiten der Wirtschaftlichkeits-, Flexibilitäts- und Sensitivitätsanalyse. Mit diesen Bewertungswerkzeugen kann der Planer die wirtschaftlichen Eigenschaften der Fertigungssysteme analysieren und an Hand der Daten weiter optimieren und detaillieren und die am besten geeigneten Systeme auswählen.

Die dargestellte Grobplanungsmethodik mit dem Verfahren der Wirtschaftlichkeitssimulation stellt damit ein Werkzeug dar, mit dem der Investitionsplaner zuverlässiger zwischen alternativen Konzepten entscheiden und schneller zu qualitativ hochwertigen Lösungen kommen kann. Es ist als planungsbegleitendes Werkzeug gedacht, das eine umfassende Finalbewertung vor einer Investitionsentscheidung nicht ersetzen kann.

11. Literaturverzeichnis

/1/   Jäger, A.: Systematische Planung komplexer Produktionssysteme; iwb Forschungsberichte Band 31; Springer Verlag, Berlin 1990.

/2/   Milberg, J.; Koepfer, Th.: Wettbewerbsvorteile durch rechnerintegrierte Konstruktion und Produktion; VDI-Verlag, Düsseldorf 1990.

/3/   Milberg, J.: Wettbewerbsfaktor Zeit in Produktionsunternehmen; in: Wettbewerbsfaktor Zeit in Produktionsunternehmen, Münchener Kolloquium '91, Springer Verlag, Berlin, 1991.

/4/   Wildemann, H.: Zeit als Wettbewerbsfaktor durch Motivation und Qualifikation; in: Wettbewerbsfaktor Zeit in Produktionsunternehmen, Münchener Kolloquium '91, Springer Verlag, Berlin, 1991.

/5/   Steinfatt, E.: Ein Expertensystem zur Investitionsplanung; Dissertation, Aachen 1990.

/6/   Herrmann, P.: Grundlagen einer rechnerunterstützten Investitionsplanung und Wirtschaftlichkeitsrechnung für flexible Fertigung; Dissertation, Aachen 1983.

/7/   Wieser, R.: Methoden zur rechnergestützten Konfigurierung von Fertigungsanlagen; Dissertation, Karlsruhe 1989.

/8/   N.N.: VDI-Richtlinie 3663. Anwendung der Simulationstechnik zur Materialflußplanung.

/9/   Wiendahl, H.-P.: Technische Struktur- und Investitionsplanung; Verlag W. Girardet, Essen 1973.

/10/   Wiendahl, H.-P.: Betriebsorganisation für Ingenieure; Carl Hanser Verlag, München 1989.

/11/   Aggtelekey, B.: Fabrikplanung, Bd. 1 und 2., Carl Hanser Verlag, München 1981/82.

/12/   N.N.: REFA Methodenlehre der Betriebsorganisation. Planung und Gestaltung komplexer Produktionssysteme; Carl Hanser Verlag, München 1987.

/13/   Vettin, G.: Verfahren zur technischen Investitionsplanung automatisierter flexibler Fertigungsanlagen; Springer-Verlag, Heidelberg 1982.

/14/   Daenzer, W. (Hrsg.): Systems Engeneering, 6. Aufl.; Verlag industrielle Organisation, Zürich 1988.

/15/   Eversheim, W.: Organisation in der Produktionstechnik. VDI-Verlag, Düsseldorf 1981.

/16/   Kettner, Schmidt, Greim: Leitfaden der systematischen Fabrikplanung; Carl Hanser Verlag, München 1984.

/17/   Grochla, E.: Einführung in die Organisationstheorie; Poeschel Verlag, Stuttgart 1978.

/18/   Seliger, G.: Wirtschaftliche Planung automatisierter Fertigungssysteme; Carl Hanser Verlag, München 1983.

/19/   Wieneke-Toutaoui, B.: Rechnerunterstütztes Planungssystem zur Auslegung von Fertigungsanlagen; Carl Hanser Verlag, München 1987.

/20/   Erkes, K. F.: Gesamtheitliche Planung Flexibler Fertigungssysteme mit Hilfe von Referenzmodellen; Dissertation, Aachen 1988.

/21/   Zeitz, W.: Grundlagen zur rationellen Auslegung flexibler Fertigungsstraßen; Dissertation, Aachen 1985.

/22/   Lesch, U.: FFS-Planer, PC-gestützte graphische Werkstückanalyse liefert die Grundlage für die Planung flexibler Fertigungssysteme; VDI-Z 132 (1990), Nr. 1.

/23/   Buchberger, D.: Rechnergestützte Strukturplanung von Produktionssystemen; Dissertation, Karlsruhe 1989.

/24/   Heusler, H. J.: Rechnerunterstützte Planung flexibler Montagesysteme; iwb Forschungsbericht Band 19; Springer Verlag, Berlin 1989.

/25/   Hartberger, H.: Wissensbasierte Simulation komplexer Produktionssysteme; iwb Forschungsbericht Band 28; Springer Verlag, Berlin 1991.

/26/   Warnecke, G.; Mertens, P.: Praktische Anwendung künstlicher Intelligenz durch Expertensysteme; wt 76 (1986), S. 547-551.

/27/   Wildemann, H.; Bühner, R.: Investitionsplanung und Wirtschaftlichkeitsrechnung für Flexible Fertigungssysteme; Schäffer Verlag, Stuttgart 1987.

/28/   Weck, M.; Eversheim, W.; König, W.; Pfeifer, T.: Wirtschaftlicher und sozialverträglicher Betrieb von flexiblen Produktionssystemen. Aachener Werkzeugmaschinen-Kolloqium; Wettbewerbsfaktor Produktionstechnik; VDI-Verlag, Düsseldorf 1990.

/29/   Hutchinson, G.; Holland, J.: The Economic Value of Flexible Automation; Journal of Manufacturing Systems Vol. 1, No. 2.

/30/   Hellbrück, G.-M.: Der Einsatz von Simulationswerkzeugen in der praktischen Fabrikplanung. Simulation und Integration, Tagungsbericht, S.107-127. Gmft, München 1989.

/31/   Eversheim, W.; Schönheit, M.: Kostenstrukturveränderungen flexibler Fertigung; VDI-Z 131 (1989), Nr. 7.

/32/   Eversheim, W.; Caesar, C.: Kostenmodell zur Bewertung von Produktvarianten; VDI-Z 132 (1990), Nr. 6.

/33/   Wöhe, G.: Einführung in die Allgemeine Betriebswirtschaftslehre, 17. Aufl.; Verlag Vahlen, München 1990.

/34/   Däumler, K.-D.: Grundlagen der Investitions- und Wirtschaftlichkeitsrechnung, 5. Aufl.; Verlag Neue Wirtschafts-Briefe, Herne/Berlin 1987.

/35/ Bürstner,H.: Investitionsentscheidung in der rechnerintegrierten Produktion; iwb Forschungsberichte Band 13; Springer Verlag, Berlin 1987.

/36/ Eversheim, W.: Chancen und Risiken kleiner und mittelständischer Unternehmen beim Einsatz eines FFS, in: Rechnerintegrierte Konstruktion und Produktion, VDI Berichte 830, VDI Verlag, Düsseldorf, 1990.

/37/ Tönshoff, H. K.; Barfels, L.; Lange, V.; Pauli, B.: Wissensbasierte Planung von flexiblen Fertigungsanlagen, ZwF 84 (1989) 11.

/38/ Weule, H.; Buchberger, D.; Wieser, R.: Wissensbasierte Konfiguration und Optimierung von Fertigungsanlagen. Technisch Rundschau 80 (1988), 16, S. 138-140.

/39/ Weule, H.; Debus, F.; Feller, A. H.: Teilefertigung und Montage rechnergestützt planen; ZwF 85 (1990) 11.

/40/ Meffert, H.: Marketing; 3. Aufl.; Wiesbaden 1978.

/41/ N.N.: REFA Methodenlehre des Arbeitsstudiums, Teil 2; Datenermittlung; Carl Hanser Verlag, München 1978.

/42/ Wildemann, H.: Strategische Investitionsplanung. Methoden zur Bewertung neuer Produktionstechnologien; Wiesbaden 1987.

/43/ Klippel, Cl.: Mobiler Roboter im Materialfluß eines flexiblen Fertigungssystems; iwb Forschungsberichte Bd. 17; Springer Verlag, Berlin 1989.

/44/ Jünemann, R.: Materialfluß und Logistik; Springer Verlag, Berlin, 1989.

/45/ Shah, R.: Flexible Fertigungssysteme in Europa, Erfahrungen der Anwender; VDI-Z 129 (1987), Nr. 10.

/46/ Naber, H.:Aufbau und Einsatz eines mobilen Roboters mit unabhängiger Lokomotions- und Manipulationskomponente; iwb Forschungsberichte Band 33; Springer Verlag, Berlin 1987.

/47/   Kupec, Th.: Wissensbasierte Leitsysteme zur Steuerung flexibler Fertigungs-
        anlagen; Dissertation, München, 1990.

/48/   Groha, A.:Universelles Zellenrechnerkonzept für flexible Fertigungssysteme;
        iwb Forschungsberichte Band 14; Springer Verlag, Berlin 1988.

/49/   N. N.: DIN 19233. Automatisierung. Beuth-Vertrieb GmbH, Berlin, 1972.

/50/   Bürgel, W.: Wirtschaftliche Automatisierung der Kleinserienfertigung aus der
        Sicht des Maschinenbaus; wt 77 (1987) 189-192.

/51/   N. N.: Flexible Fertigungssysteme. Der FFS-Report der Ingersoll Engineers;
        Springer Verlag, Berlin 1985.

/52/   Milberg, J.; Koepfer, T.: Trends in der Produktionsautomatisierung - Wettbe-
        werbsvorteile durch Rechnerintegration; Bulletin SEV/VSE 81 (1990) 9.

/53/   Milberg, J.; Dilling, U.: Automatisierung der Produktion - Erfolg durch Inte-
        gration, Schweizer Maschinenmarkt, 6/ 1991, S. 20 - 25.

/54/   Hausknecht, M.: Basistypen flexibler Automation; VDI-Z 130 (1988), Nr. 12.

/55/   Erkes, K.F.; Schönheit, M.; Wiegershaus, U.: Fachgebiete in Jahresbersich-
        ten. Flexible Fertigung. VDI-Z 130 (1988), Nr. 9, S. 62-79.

/56/   Scharf, P.: Strukturen Flexibler Fertigungssysteme; Krausskopf-Verlag,
        Mainz, 1976.

/57/   Eisele, R.: Konzeption und Wirtschaftlichkeit rechnerunterstützter Planungs-
        systeme; Dissertation Erlangen 1990; Carl Hanser Verlag, München, 1990.

/58/   Schmidt, H.: Konzeption eines Kostenmodells für integrierte Systeme, ge-
        zeigt am Beispiel Flexibler Fertigungssysteme; Fortschritt-Berichte VDI Rei-
        he 20: Rechnerunterstützte Verfahren Nr. 17; VDI-Verlag Düsseldorf, 1989.

/59/   Horvath, P.; Kleiner, F.; Mayer, R.: Dynamische Investitionsrechnung für
        flexibel automatisierte Werkzeugmaschinen; DBW 47 (1987) 1.

/60/ Warnecke, H.-J.; Bullinger, H.-J.; Richert, R.: Wirtschaftlichkeitsrechnung für Ingenieure; Hanser-Verlag, München, 1980.

/61/ Wildemann, H.: PC-Programm zur Investitionsplanung und Wirtschaftlichkeitsrechnung; Werkstatt und Betrieb, 121 (1988) 1, S. 35-40.

iwb Forschungsberichte

Berichte aus dem Institut für Werkzeugmaschinen und Betriebswissenschaften
der Technischen Universität München

Herausgeber: Prof. Dr.-Ing. J. Milberg

---

1 Streifinger, E.
Beitrag zur Sicherung der Zuverlässigkeit und Verfügbarkeit
moderner Fertigungsmittel
1986. 72 Abb. 167 Seiten, ISBN 3-540-16391-3   68,- DM

2 Fuchsberger, A.
Untersuchung der spanenden Bearbeitung von Knochen
1986. 90 Abb. 175 Seiten, ISBN 3-540-16392-1   68,- DM

3 Maier, C.
Montageautomatisierung am Beispiel des Schraubens mit
Industrierobotern
1986. 77 Abb. 144 Seiten, ISBN 3-540-16393-X   68,- DM

4 Summer, H.
Modell zur Berechnung verzweigter Antriebsstrukturen
1986. 74 Abb. 197 Seiten, ISBN 3-540-16394-8   68,- DM

5 Simon, W.
Elektrische Vorschubantriebe an NC-Systemen
1986. 141 Abb. 198 Seiten, ISBN 3-540-16693-9   68,- DM

6 Büchs, S.
Analytische Untersuchungen zur Technologie der Kugelbearbeitung
1986. 74 Abb. 173 Seiten, ISBN 3-540-16694-7   68,- DM

7 Hunzinger, I.
Schneiderodierte Oberflächen
1986. 79 Abb. 162 Seiten, ISBN 3-540-16695-5   68,- DM

8 Pilland, U.
Echtzeit-Kollisionsschutz an NC-Drehmaschinen
1986. 54 Abb. 127 Seiten, ISBN 3-540-17274-2   68,- DM

9 Barthelmeß, P.
Montagegerechtes Konstruieren durch die Integration
von Produkt- und Montageprozeßgestaltung
1987. 70 Abb. 144 Seiten, ISBN 3-540-18120-2   68,- DM

10 Reithofer, N.
Nutzungssicherung von flexibel automatisierten Produktionsanlagen
1987. 84 Abb. 176 Seiten, ISBN 3-540-18440-6   68,- DM

11 Diess, H.
Rechnerunterstützte Entwicklung flexibel automatisierter
Montageprozesse
1988. 56 Abb. 144 Seiten, ISBN 3-540-18799-5   73,- DM

12 Reinhart, G.
Flexible Automatisierung der Konstruktion
und Fertigung elektrischer Leitungssätze
1988, 112 Abb. 197 Seiten, ISBN 3-540-19003-1   73,- DM

13 Bürstner, H.
Investitionsentscheidung in der rechnerintegrierten Produktion
1988, 77Abb. 190 Seiten, ISBN 3-540-19099-6   73,- DM

14 Groha, A.
Universelles Zellenrechnerkonzept für flexible Fertigungssysteme
1988, 74 Abb. 153 Seiten, ISBN 3-540-19182-8   73,- DM

15 Riese, K.
Klipsmontage mit Industrierobotern
1988, 92 Abb. 150 Seiten, ISBN 3-540-19183-6   73,- DM

16 Lutz, P.
Leitsysteme für rechnerintegrierte Auftragsabwicklung
1988, 44 Abb. 144 Seiten, ISBN 3-540-19260-3   73,- DM

17 Klippel, C.
Mobiler Roboter im Materialfluß eines flexiblen Fertigungssystems
1988, 86 Abb. 164 Seiten, ISBN 3-540-50468-0   73,- DM

18 Rascher, R.
Experimentelle Untersuchungen zur Technologie der Kugelherstellung
1989, 110 Abb. 200 Seiten, ISBN 3-540-51301-9   73,- DM

19 Heusler, H.-J.
Rechnerunterstützte Planung flexibler Montagesysteme
1989, 43 Abb. 154 Seiten, ISBN 3-540-51723-5   73,- DM

20 Kirchknopf, P.
Ermittlung modaler Parameter aus Übertragungsfrequenzgängen
1989, 57 Abb. 157 Seiten, ISBN 3-540-51724   73,- DM

21 Sauerer, Ch.
Beitrag für ein Zerspanprozeßmodell Metallbandsägen
1990, 89 Abb. 166 Seiten, ISBN 3-540-51868-1   78,- DM

22 Karstedt, K.
Positionsbestimmung von Objekten in der Montage-
und Fertigungsautomatisierung
1990, 92 Abb. 157 Seiten, ISBN 3-540-51879-7   78,- DM

23 Peiker, St.
Entwicklung eines integrierten NC-Planungssystems
1990, 66 Abb. 180 Seiten, ISBN 3-540-51880-0   78,- DM

24 Schugmann, R.
Nachgiebige Werkzeugaufhängungen für die automatische Montage
1990. 71 Abb. 155 Seiren, ISBN 3-540-52138-0   78,- DM

25 **Wrba, P**
Simulation als Werkzeug in der Handhabungstechnik
1990, 125 Abb., 178 Seiten, ISBN 3-540-52231-X   78,- DM

26 **Eibelshäuser, P.**
Rechnerunterstützte experimentelle Modalanalyse
mitells gestufter Sinusanregung
1990, 79 Abb., 156 Seiten, ISBN 3-540-52451-7   78,- DM

27 **Prasch, J.**
Computerunterstützte Planung von chirurgischen Eingriffen
in der Orthopädie
1990, 113 Abb., 164 Seiten, ISBN 3-540-52543-2   78,- DM

28 **Teich, K.**
Prozeßkommunikation und Rechnerverbund in der Produktion
1990, 52 Abb., 158 Seiten, ISBN 3-540-52764-8   78,- DM

29 **Pfrang, W.**
Rechnergestützte und graphische Planung manueller
und teilautomatisierter Arbeitsplätze
1990, 59 Abb., 153 Seiten, ISBN 3-540-52829-6   78,- DM

30 **Tauber, A.**
Modellbildung kinematischer Stukturen
als Komponente der Montageplanung
1990, 93 Abb., 190 Seiten, ISBN 3-540-52911-X   78,- DM

31 **Jäger, A.**
Systematische Planung komplexer Produktionssysteme
1991, 75 Abb., 148 Seiten, ISBN 3-540-53021-5   78,- DM

32 **Hartberger, H.**
Wissensbasierte Simulation komplexer Produktionssysteme
1991, 58 Abb., 154 Seiten, ISBN 3-540-53326-5   78,- DM

33 **Tuczek H.**
Inspektion von Karosseriepreßteilen auf Risse und Einschnürungen
mittels Methoden der Bildverarbeitung
1992, 125 Abb., 179 Seiten, ISBN 3-540-53965-4   88,- DM

34 **Fischbacher, J.**
Planungsstrategien zur strömungstechnischen Optimierung
von Reinraum-Fertigungsgeräten
1991, 60 Abb., 166 Seiten, ISBN 3-540-54027-X   78,- DM

35 **Moser, O.**
3D-Echtzeitkollisionsschutz für Drehmaschinen
1991, 66 Abb., 177 Seiten, ISBN 3-540-54076-8   78,- DM

36 **Naber, H.**
Aufbau und Einsatz eines mobilen Roboters mit
unabhängiger Lokomotions- und Manipulationskomponente
1991, 85 Abb., 139 Seiten, ISBN 3-540-54216-7   78,- DM

37 **Kupec, Th.**
Wissensbasiertes Leitsystem zur Steuerung flexibler Fertigungsanlagen
1991, 68 Abb., 150 Seiten, ISBN 3-540-54260-4   78,- DM

51 Eubert, P.
Digitale Zustandsregelung elektrischer Vorschubantriebe
1992, 89 Abb., 159 Seiten, ISBN 3-540-44441-2   88,- DM

52 Glaas, W.
Rechnerintegrierte Kabelsatzfertigung
1992, 67 Abb., 140 Seiten, ISBN 3-540-55749-0   88,- DM

53 Helml, H.J.
Ein Verfahren zur on-line Fehlererkennung und Diagnose
1992, 60 Abb., 153 Seiten, ISBN 3-540-55750-4   88,- DM

54 Lang, Ch.
Wissensbasierte Unterstützung der Verfügbarkeitsplanung
1992, 75 Abb., 150 Seiten, ISBN 3-540-55751-2   88,- DM

55 Schuster, G.
Rechnergestütztes Planungssystem für die flexibel
automatisierte Montage
1992, 67 Abb., 135 Seiten, ISBN 3-540-55830-6   88,- DM

56 Bomm, H.
Ein Ziel- und Kennzahlensystem zum Investitionscontrolling
komplexer Produktionssysteme
1992, 87 Abb., 195 Seiten, ISBN 3-540-55964-7   88,- DM